生命
百科

香气宜人的植物

生命百科编委会 编著

中国大百科全书出版社

图书在版编目（CIP）数据

香气宜人的植物 / 生命百科编委会编著 . -- 北京 ：
中国大百科全书出版社，2025. 1. --（生命百科）.
ISBN 978-7-5202-1828-3

Ⅰ . Q949.97-49

中国国家版本馆 CIP 数据核字第 2025VY3671 号

总 策 划：刘 杭 郭继艳

策划编辑：张会芳

责任编辑：吴道煜

责任校对：邵桃炜

责任印制：王亚青

出版发行：中国大百科全书出版社有限公司

地 址：北京市西城区阜成门北大街 17 号

邮政编码：100037

电 话：010-88390811

网 址：http://www.ecph.com.cn

印 刷：唐山富达印务有限公司

开 本：710mm×1000mm 1/16

印 张：10

字 数：100 千字

版 次：2025 年 1 月第 1 版

印 次：2025 年 1 月第 1 次印刷

书 号：ISBN 978-7-5202-1828-3

定 价：48.00 元

—— 总　序

　　这是一套面向大众、根植于《中国大百科全书》第三版（以下简称百科三版）的百科通俗读物。

　　百科全书是概要记述人类一切门类知识或某一门类知识的完备的工具书。它的主要作用是供人们随时查检需要的知识和事实资料，还具有扩大读者知识视野和帮助人们系统求知的教育作用，常被誉为"没有围墙的大学"。简而言之，它是回答问题的书，是扩展知识的书。

　　中国大百科全书出版社从 1978 年起，陆续编纂出版了《中国大百科全书》第一版、第二版和第三版。这是我国科学文化建设的一项重要基础性、标志性、创新性工程，是在百年未有之大变局和中华民族伟大复兴全局的大背景下，提升我国文化软实力、提高中华文化国际影响力的一项重要举措，具有重大的现实意义和深远的历史意义。

　　百科三版的编纂工作经国务院立项，得到国家各有关部门、全国科学文化研究机构、学术团体、高等院校的大力支持，专家、学者 5 万余人参与编纂，代表了各学科最高的专业水平。专家、作者和编辑人员殚精竭虑，按照习近平总书记的要求，努力将百科三版建设成有中国特色、有国际影响力的权威知识宝库。截至 2023 年底，百科三版通过网站（www.zgbk.com）发布了 50 余万个网络版条目，并陆续出版了一批纸质版学科卷百科全书，将中国的百科全书事业推向了一个新的高度。

　　重文修武，耕读传家，是我们中国人悠久的文化传承。作为出版人，我们以传播科学文化知识为己任，希望通过出版更多优秀的出版物来落实总书记的要求——推动文化繁荣、建设中华民族现代文明，努力建设中国式现代化强国。

为了更好地向大众普及科学文化知识，我们从《中国大百科全书》第三版中选取一些条目，通过"人居环境""科学通识""地球知识""工艺美术""动物百科""植物百科""渔猎文明""交通百科"等主题结集成册，精心策划了这套大众版图书。其中每一个主题包含不同数量的分册，不仅保持条目的科学性、知识性、准确性、严谨性，而且具备趣味性、可读性，语言风格和内容深度上更适合非专业读者，希望读者在领略丰富多彩的各领域知识之时，也能了解到书中展示的科学的知识体系。

衷心希望广大读者喜爱这套丛书，并敬请对书中不足之处给予批评指正！

《中国大百科全书》编辑部

"生命百科"丛书序

　　生命的诞生源自生物分子的出现，历经生物大分子、细胞、组织、器官、系统至个体、种群、人类的过程。在宏观进化链中，生物进化范畴的最顶端是人类的出现。

　　从个体大小上讲，生命体有高大的木本植物，有低矮的草本植物，还有能引起人类或动植物疾病的真菌、细菌、病毒等微生物。从生活空间上讲，生命体有广布全球的鸟，有在水中自由自在的鱼等。从感官上讲，生命体有香气宜人的植物，也有赏心悦目的花。从发育学上讲，有变态发育的动物（胚胎发育过程中形态结构和生活习性有显著变化的动物，也称间接发育动物），如昆虫；也有直接发育的动物（胚后发育过程中幼体不经过明显的变化就逐渐长成成体的动物），如包括人类在内的哺乳动物、鸟类、鱼类和爬行类等。有的生命体还是治疗其他动植物疾病的药，如以药用动植物为主要原料的药物等。为维持生命体健康地生长与发育，认识疾病、诊断疾病、治疗疾病很有必要。

　　为便于读者全面地了解各类生物，编委会依托《中国大百科全书》第三版生物学、作物学、园艺学、林业、植物保护学、草业科学、渔业、畜牧、现代医学、中医药等学科内容，组织策划了"生命百科"丛书，编为《常见木本植物》《常见草本植物》《香气宜人的植物》《赏心悦目的花》《广布全球的鸟》《自由自在的鱼》《变态发育的昆虫》《认识人体》《常见的疾病》《常见的疾病诊断方法》《治疗百病的药——

现代药》《治疗百病的药——中医方剂》等分册，图文并茂地介绍了各类生命体及与人类健康相关知识。

希望这套丛书能够让更多读者了解和认识各类生命体，起到传播生命科学知识的作用。

生命百科丛书编委会

目　录

第1章　香花植物　1

第2章　香根植物　31

第5章 香草植物 127

香花植物

桂 花

桂花是木樨科木樨属常绿灌木或乔木。又称木樨、岩桂、九里香等。因其叶脉形如"圭"而得名。

◆ 分布

桂花是中国特有树种，原产于中国西南、中南地区，今湖北咸宁等地尚有野生桂花林。在长江流域广泛分布。

◆ 栽培史

春秋时代，古人已用桂花酿酒；汉初上林苑中栽植有桂花；明代衡山神祠前的山路和夹道皆松、桂相间，长达 20 千米，蔚为壮观。18 世

桂花

桂花的果实

纪从中国传至欧洲。

◆ **形态和种类**

桂花高可达 20 米。自然株形随树龄增长而有不同变化，从椭圆到圆球形，最后成扁圆形。叶对生、革质，椭圆形至椭圆状披针形，全缘或上半部疏生锯齿。叶腋间芽叠生，上层芽常分化为花芽。花小，簇生于叶腋，淡黄、乳白或橙红色，极芳香。核果椭圆形，熟时灰蓝色，含种子 1 粒。

桂花主要变种有：①金桂。花黄色至深黄色，香味浓或极浓。②银桂。花近白色，香味浓或极浓。③丹桂。花橙色、橘红至浅橙，香味常较淡。④四季桂。植株较矮且萌蘖较多，花香不及上述品种浓郁，但每年花开数次或连续不断。

◆ **生长习性**

桂花性喜光，喜温暖通风环境，能耐高温，成年植株有一定耐寒力。要求排水良好、富含腐殖质的沙壤土。喜肥，忌积水和黏重土壤，怕煤烟。用压条、扦插、嫁接或播种繁殖均可，常用嫁接繁殖。

◆ **用途**

桂花树形圆整，四季常青，开花时正值中秋季节，香气四溢，沁人心脾，是中国传统园林花木。可孤植、对植、列植、丛栽或成片种植。淮河以北地区多作盆栽。花朵是食品和轻工原料，枝、叶、花可入药。木质坚实细密，是雕刻良材。

栀 子

栀子是茜草科栀子属常绿灌木。又称栀子花、黄栀子。

栀子

栀子花

栀子的果实（黄色）

◆ **分布**

栀子主要分布在中国贵州、四川、江苏、浙江、安徽、江西、广东、云南、福建、台湾、湖南、湖北等地。

◆ **形态特征**

栀子高0.3～3米。嫩枝常被短毛,枝圆柱形,灰色。叶对生,革质,稀为纸质,少为3枚轮生,叶形多样。花芳香, 通常单朵生于枝顶, 花梗长3～5毫米。浆果卵形, 黄色或橙色, 有翅状纵棱5～9条, 顶部宿存萼片。花期5～7月,果期5月至翌年2月。有重瓣的变种大花栀子。

◆ **聚殖与习性**

栀子可采用扦插、压条、分株或播种繁殖。喜光照充足且通风良好的环境,但忌强光暴晒。宜用疏松肥沃、排水良好的酸性土壤种植。

◆ 用途

栀子枝叶繁茂,叶色四季常绿,花芳香,是重要的庭院观赏植物和优良的芳香花卉。除观赏外,其花、果实、叶和根可入药,有泻火除烦、清热利尿、凉血解毒的功效。此外,花可作茶的香料,果实可作绘画的涂料。

山茶花

山茶花是山茶科山茶属灌木或小乔木。

◆ 分布

山茶花主要分布在中国浙江、江西、四川、重庆及山东。日本、朝鲜也有分布。

◆ 形态特征

山茶花高 9 米。嫩枝无毛。叶革质,椭圆形,先端略尖,基部阔楔形,上面深绿色,干后发亮,无毛,下面浅绿色。花顶生,红色,无柄;苞片及萼片约 10 片,花瓣 6 ~ 7 片,外侧 2 片近圆形。蒴果圆球形,直径 2.5 ~ 3 厘米,2 ~ 3 室,每室有种子 1 ~ 2 个,3 爿裂开,果爿厚木质。花期 1 ~ 4 月。

◆ 聚殖与习性

山茶花常采用扦插、嫁接、压条、播种和组织培养等方法繁殖,以扦插为主。喜温暖、湿润和半阴环境,怕高温,忌烈日。

山茶花

山茶花

山茶花叶

◆ 用途

山茶花在中国各地广泛栽培，栽培历史悠久，为中国十大名花之一。园艺品种繁多，花大多数为红色或淡红色，亦有白色，单瓣或重瓣。花有止血功效。种子榨油，供工业用。

玉 兰

玉兰是木兰科木兰属玉兰亚组落叶乔木。又称应春花、白玉兰、望春花、迎春花、玉堂春、木兰。

◆ 分布

玉兰主要产于中国江西（庐山）、浙江（天目山）、湖南（衡山）、贵州。

◆ 形态特征

玉兰高可达 25 米，胸径可达 1 米，枝广展形成宽阔的树冠。树皮深灰色，粗糙开裂。小枝稍粗壮，灰褐色。冬芽及花梗密被淡灰黄色长绢毛。叶纸质，

玉兰

倒卵形、宽倒卵形或倒卵状椭圆形，长 10 ～ 18 厘米，宽 6 ～ 12 厘米，先端具短突尖，基部楔形，上面深绿色，嫩时被柔毛，下面淡绿色，沿脉上被柔毛。叶柄被柔毛，上面具狭纵沟。花蕾卵圆形，花先叶开放，直立，芳香。花梗显著膨大，密被淡黄色长绢毛。花被片 9 片，白色，基部常带粉红色，近相似，长圆状倒卵形，长 6 ～ 10 厘米，宽 2.5 ～ 6.5 厘米。雄蕊顶端伸出成短尖头，雌蕊群淡绿色，无毛。聚合果圆柱形（在庭园栽培种植常因部分心皮不育而弯曲）。蓇葖厚木质，褐色，具白色皮孔。种子心形，侧扁，外种皮红色，内种皮黑色。花期 2 ～ 3 月（亦常于 7 ～ 9 月再开一次花），果期 8 ～ 9 月。

◆ **生长习性**

玉兰喜光，稍耐阴，颇耐寒，北京地区于背风向阳处能露地过冬。喜肥沃、适当湿润且排水良好的弱酸性土壤，亦能生长于碱性土中。根肉质，畏水淹。

◆ **用途**

玉兰最宜列植堂前，点缀中庭，为驰名中外的庭园观赏树种。材质优良，纹理直，结构细，供家具、图板、细木工等利用。花蕾入药，与中药材辛夷功效相同；花含芳香油，可提取配制香精或制浸膏；花被片食用或用以熏茶。种子榨油供工业用。

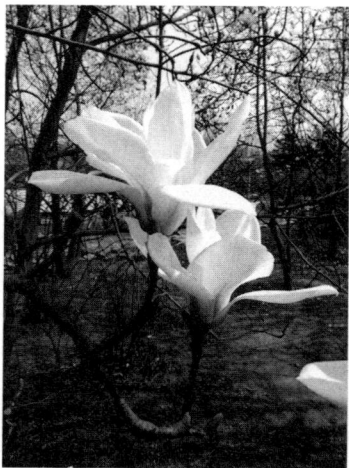

玉兰花

白　兰

白兰是被子植物真双子叶植物木兰目，木兰科含笑属的杂交种。又称白兰花。名出《中国树木志》，因花白色，香馥似兰而得名。

◆ 分布

白兰原产于印度尼西亚爪哇岛。现广泛种植于东南亚。中国南方多为栽培。

◆ 形态特征

白兰为常绿乔木，树皮灰色；幼枝和芽密生淡黄白色微柔毛；枝具环状托叶痕。单叶，互生，薄革质，长椭圆形或披针状椭圆形，全缘；叶柄长约 2 厘米，环状托叶痕几达叶柄中部。花

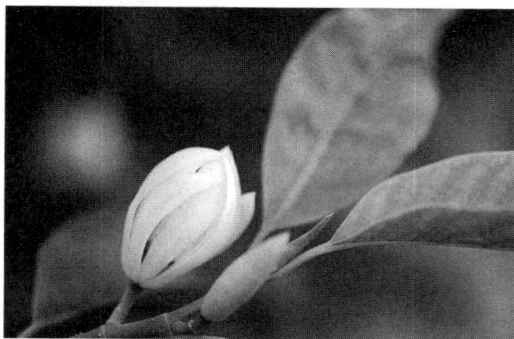

白兰花

单生叶腋，白色，芳香；两性花，辐射对称；花被片 10 枚以上，披针形，长 3～4 厘米；雄蕊多数，螺旋排列于柱状花托下部；心皮多数，离生，螺旋排列在柱状花托上部，雌蕊有长约 4 毫米的柄；花期 4～9 月。聚合果疏生蓇葖呈穗状，蓇葖熟时鲜红色，通常不结实。

◆ 用途

白兰为著名庭园绿化观赏树种。花可提制浸膏和药用，有行气化浊、治疗咳嗽等功效。叶可提取芳香油。

牡 丹

牡丹是芍药科芍药属落叶灌木。又称鼠姑、鹿韭、白茸、木芍药、百雨金、洛阳花、富贵花。

◆ **种质资源**

牡丹是中国十大传统名花之一,花朵色泽艳丽、富丽堂皇,素有"花中之王"的美誉。包括9个种及变种,分别为:矮牡丹、卵叶牡丹、紫斑牡丹、杨

牡丹

山牡丹、四川牡丹、狭叶牡丹、紫牡丹、黄牡丹、大花黄牡丹。

◆ **栽培史**

牡丹原产于中国。早在秦汉时期,《神农本草经》就已有关于牡丹根皮入药的文字记录。隋代开始有观赏牡丹品种的记录。唐时牡丹为皇宫珍品。唐代刘禹锡有诗曰:"庭前芍药妖无格,池上芙蕖净少情。唯有牡丹真国色,花开时节动京城。"在两宋时期达到鼎盛。北宋时,牡丹栽植中心自长安移至洛阳,号称"洛阳牡丹甲天下"。明代时,栽植中心又自洛阳移至直隶亳州(今属安徽)。大约在明代嘉靖、万历年间,栽植中心移至山东曹州(今菏泽)。海外牡丹园艺品种最初均引自中国。早在公元724～749年,中国牡丹传入日本。公元1330～1850年法国对引进的中国牡丹进行大量繁育,培育出多个园艺品种。公元1656年,

荷兰东印度公司将中国牡丹引入荷兰。公元 1789 年英国引进中国牡丹，从而使中国牡丹在欧洲传播开来，园艺品种达 100 多个。美国于公元 1820 ～ 1830 年从中国引进中国牡丹品种和野生种，使牡丹成为世界名花。山东农业大学喻衡教授所著《牡丹花》中写道："牡丹在国外也用于庭园栽植，植株高度可达 2 米，花径达 20 ～ 30 厘米，每到暮春时节，花朵盛开，硕大无比，清香四溢，冠居群芳，虽远离故国，也大有一副'花王'的气派。"

◆ 形态特征

牡丹茎高达 2 米，分枝短而粗。叶通常为二回三出复叶，偶尔近枝顶的叶为 3 小叶。顶生小叶宽卵形，3 裂至中部，裂片不裂或 2 ～ 3 浅裂，表面绿色，无毛，背面淡绿色，有时具白粉。花单生枝顶，直径 10 ～ 17 厘米。花瓣 5，或为重瓣，玫瑰色、红紫色、粉红色至白色，通常变异很大，倒卵形，顶端呈不规则波状。雄蕊长 1 ～ 1.7 厘米，花丝紫红色、粉红色，上部白色。花盘革质，杯状，紫红色，顶端有数个锐齿或裂片。蓇葖长为圆形，密生黄褐色硬毛。花期 5 月，果期 6 月。

牡丹花

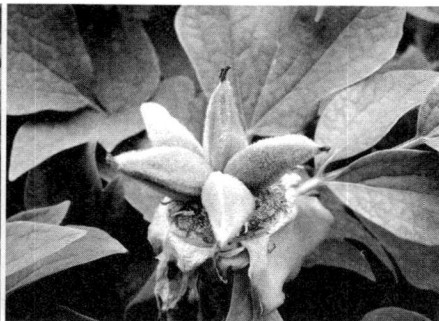

牡丹的果实

◆ 类型

中国牡丹资源特别丰富，中国各地均有牡丹种植。牡丹经长期栽培，选育品种众多，已形成中原品种群、西北品种群、江南品种群、西南品种群四大品种群，在花色上培育出红、粉、白、黄、紫、黑、绿、蓝、复色九大色系，按花期分为早花、中花、晚花品种。近代中国的分类系统根据雄蕊、雌蕊的瓣化，将牡丹分为 2 类 4 亚类 16 型：①单花类分为千层亚类和楼子亚类 2 亚类。千层亚类分为单瓣型、荷花型、菊花型和蔷薇型 4 型，楼子亚类分为金蕊型、托桂型、金环型、皇冠型和绣球型 5 型。②台阁花类分为千层台阁亚类和楼子台阁亚类 2 亚类。千层台阁亚类分为荷花台阁型、菊花台阁型和蔷薇台阁型 3 型。楼子台阁亚类分为托桂台阁型、金环台阁型、皇冠台阁型和绣球台阁型 4 型。

◆ 繁殖和栽培

牡丹繁殖方法有分株、嫁接、播种等，但以分株及嫁接居多，播种方法多用于培育新品种。喜温暖、凉爽、干燥、阳光充足的环境。喜阳光，也耐半阴，耐寒，耐干旱，耐弱碱，忌积水，怕热，怕烈日直射。适宜在疏松、深厚、肥沃、地势高燥、排水良好的中性沙壤土中生长，在酸性或黏重土壤中生长不良。主要病害有叶斑病、紫纹羽病等，可用杀菌剂防治。

◆ 用途

牡丹药用栽培品种单调，花多为白色。以根皮入药，称牡丹皮，又称丹皮、粉丹皮、刮丹皮等，是常用凉血祛瘀中药。牡丹籽可榨油，含有营养成分α-亚麻酸，已规模化生产并投入市场。牡丹花具有养颜美容、解郁祛瘀的功效，花瓣提取物已广泛应用于化妆品行业。牡丹花瓣及花蕊中还含有大量的花青素、氨基酸、蛋白质、多糖、黄酮及维生素等，以及其他有益的活性物质，可制成牡丹花蕊茶或牡丹花茶，已通过国家质量检测并投入市场，获得广泛好评。

　　牡丹雍容华贵，花大叶茂，适于庭院种植或花坛布置，可丛栽也可孤植或盆栽。中国菏泽、洛阳均以牡丹为市花，菏泽牡丹园、百花园、古今园及洛阳王城公园、牡丹公园和植物园均有牡丹专类园，于每年4月举行牡丹花会。

芍　药

　　芍药是芍药科芍药属多年生草本植物。又称将离、殿春。

◆　形态特征

　　芍药肉质根粗壮。茎丛生，高40～120厘米。下部茎生叶为二回三出复叶，上部茎生叶为三出复叶，顶梢处为单叶，小叶为狭卵形，椭圆形或披针形。花数朵，着生茎顶或叶腋，直径8.0～11.5厘米。苞片

芍药

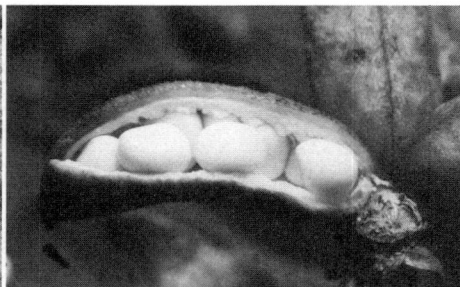

芍药的种子

数为 4 ～ 5，披针形，大小不等。萼片数量为 4，为宽卵形或近圆形。花瓣为倒卵形，白色，有时基部具深紫色斑块。花丝黄色，花盘浅杯状，包裹心皮基部，顶端裂片钝圆；心皮 4 ～ 5，无毛。蓇葖长 2.5 ～ 3.0 厘米，直径 1.2 ～ 1.5 厘米，顶端具喙。花期 5 ～ 6 月，果期 8 月。

◆ **生长习性**

芍药喜光，耐半阴。喜空气湿润，忌夏季炎热。喜土层深厚、排水良好、中性或微酸性的壤土或沙壤土，忌盐碱及低洼地。常用分株法繁殖，一般在秋季进行。播种繁殖多用于育种或培养根砧。

◆ **用途**

芍药花大色美，常与牡丹配合用于专类花园，也适用于花坛、花境、公园、庭园、绿地种植，或作切花插瓶观赏。芍药根可入药，其加工品称白芍或赤芍。

玫 瑰

玫瑰是蔷薇科蔷薇属落叶灌木。

◆ **分布**

玫瑰原产于中国，分布中心在辽宁省东南部沿海地区，各地均有栽培。日本、朝鲜也有分布。玫瑰是现代月季育种的重要种质资源。

◆ **形态特征**

玫瑰植株直立，高 2 米，枝上密生针刺，皮剌较少却大。小叶 5 ～ 9，叶脉凹陷，叶片皱，无光泽，叶边缘有尖锐锯齿。花有白、粉、红等色，单瓣、半重瓣或重瓣，花甜香。果扁球形，砖红色。花期 5 ～ 6 月，果

玫瑰花　　　　　　　　　　玫瑰的果实

熟期 8～9 月。

◆　**生长习性**

玫瑰喜光、耐寒、耐旱、耐盐碱，分蘖力强。一般用扦插、分株、播种方式繁殖。玫瑰的变种和变型有红玫瑰、白玫瑰、重瓣紫玫瑰、重瓣白玫瑰等。玫瑰是蔷薇属中抗性、适应性最强的物种之一，全世界已有许多杂交种、品种用于栽培生产。其叶面脉纹下陷的形态特征是显性遗传，容易识别。

◆　**用途**

玫瑰可用于花篱、花境、花坛及坡地栽植观赏。玫瑰芳香馥郁，自古以来一直是制作香精、香水的原料。花蕾可茶用，花瓣糖渍后可制糕饼。玫瑰是中国承德、沈阳、乌鲁木齐、奎屯等城市的市花。

月　季

月季是蔷薇科蔷薇属落叶灌木或藤本植物。又称现代月季。

◆ **种质资源**

月季是通过蔷薇属内种间杂交和长期选育而形成的杂交品种群。蔷薇属在全世界约有 200 种。中国有 95 种，是世界蔷薇属的分布中心，具有悠久的栽培历史。中国是月季花（又称月月红）、香水月季、巨花蔷薇、野蔷薇、玫瑰、光叶蔷薇及其变种的故乡。这些种质是月季的重要亲本资源。

◆ **栽培史**

西汉汉武帝时宫廷花园中就盛栽蔷薇植物。月季花于北宋时始见记载，并出现很多形色各异的品种，至明代栽培则更为普遍，品种更多。

月季

清代时，中国月季、蔷薇类型与品种数量之多已居世界前列。18 世纪末至 19 世纪初，中国月季、蔷薇的多个珍贵品种传入欧洲，经反复杂交，在公元 1867 年育成第一个杂种香水月季品种，并创造了现代月季的一个新系统，其主要优点是花大丰满、四季开花、重瓣、花色丰富、芳香等。这一系统至今仍是现代月季的主体，名优品种很多。之后又培育出聚花月季、壮花月季等多个现代月季新系统。

◆ **形态特征**

月季茎有皮刺，叶为奇数羽状复叶，小叶常为 3 ～ 9 片。花单生或几朵聚集生成伞房花序或复伞房花序，花为单瓣、半重瓣或重瓣，花直径从小到大，花色丰富多样，部分品种具有香味。花瓣形状丰富，花型多样，具多季开花性。花托老熟后即变为肉质的浆果状假果，称为蔷薇果，果内包含有多数瘦果。

◆ 生长习性

月季喜阳光，喜肥，较耐旱，最忌积水，宜栽于背风向阳且空气流通的环境。较耐寒，能忍受 -15 ～ -10℃ 范围的低温，最适宜生长温度范围为 15 ～ 25℃。喜富含有机质、通气良好、pH 为 6.5 ～ 6.8 的微酸性土壤。生长期的相对湿度以 75% ～ 80% 为宜。常用扦插或嫁接繁殖，培育新品种时用播种繁殖。

◆ 用途

根据园艺应用的不同，月季可分为藤本月季、大花庭园月季、丰花月季等。月季形姿俱佳，四季开花不绝，花色丰富，花香浓郁，可种植于花坛、花境或草坪边缘，或作常绿树的前景，也常按类型、品种布置成月季园。攀缘月季可作棚架、篱笆、拱门、墙垣的装饰材料。盆栽月季及切花月季可用于室内装饰等。此外，月季花可入药，部分品种的月季花可食用、茶用，还可提取香精。

观赏百合

观赏百合是百合科百合属所有用于观赏的植物的总称。

◆ 分布与种群

百合属全世界约 80 种，分布于北温带。常见的百合品种群包括东方百合、亚洲百合、麝香百合和铁炮百合。这些品种群中只有亚洲百合没有花香，其他品种群都具有花香；其中东方百合最香，麝香百合和铁炮百合香味比东方百合弱。此外，还有这些品种群间的品种群，包括 LA 品种群、OT 品种群、LO 品种群和 OA 品种群。

◆ 形态特征

百合为多年生草本植物，是地下部分变态为鳞茎的球根花卉。叶散生或轮生。花单生，为总状花序、伞形花序或伞房花序。花色有红、粉、白、黄等。花被片 2 轮或多轮。离生，花冠形态为喇叭形、钟形，花被片平展、强烈反卷，基部有蜜腺。雄蕊数为 6，子房为圆柱形，柱头 3 裂。蒴果为矩圆形，室背开裂。种子扁平、有翅。

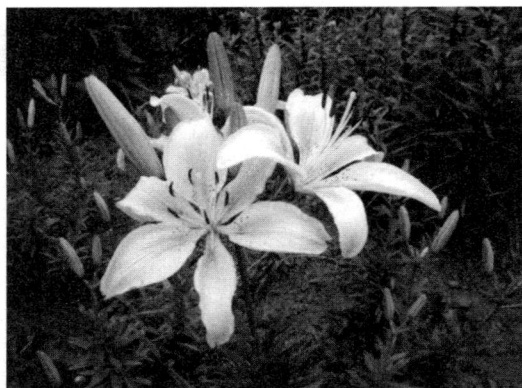

亚洲百合

◆ 用途

百合是重要的鲜切花和盆花，在园林中被广泛栽培。

薰衣草

薰衣草是唇形科薰衣草属小灌木。又称狭叶薰衣草、英国薰衣草。

◆ 起源与分布

薰衣草起源于地中海地区。薰衣草属中有多种间杂交种，其中狭叶薰衣草和宽叶薰衣草的杂交种命名为 *L.×intermedia*，开花时间晚于常见的狭叶薰衣草。狭叶薰衣草包含两个亚种，亚种 *L. angustifolia* subsp. *angustifolia* 自然生长于法国阿尔卑斯南部、朗格多克塞文山脉地区和意大利东北部及南部。亚种 *L. angustifolia* subsp. *pyrenaica* 自然生长于比利牛斯山（法国、安道尔、西班牙）和西班牙东北部。在欧洲、北非、北美洲、亚洲的温带及亚热带地区有普遍栽培。中国科学院植物研究所于 20 世纪 50 年代开始将薰衣草引入中国，现新疆伊犁已发展成为世界薰衣草主要产区。

◆ **形态特征**

薰衣草株高 40～80 厘米。根系发达，茎四棱。叶片线形或狭卵形，叶长 3～4 厘米，叶宽 0.3～0.5 厘米，有时会反卷。叶腋处的叶片较小，叶长 1～1.5 厘米，反卷幅度大，密被腺毛及短而分枝的非腺毛。花梗直立不分枝，长 10～20 厘米。花穗密集，长 5～10 厘米，不连续的花穗长 6～10 厘米，通常会有一个轮伞花序着生在花穗下面较远处。苞片卵形或阔卵形，顶端尖，膜状，长度约为花萼筒的一半，网状脉突出；小苞片不明显，线形，干膜质。花萼管状，具 13 条脉纹，裂片短而圆，密被长而分枝的非腺毛和无柄的盾状腺毛。花冠 1～1.2 厘米，上唇裂片明显比下唇大一倍，

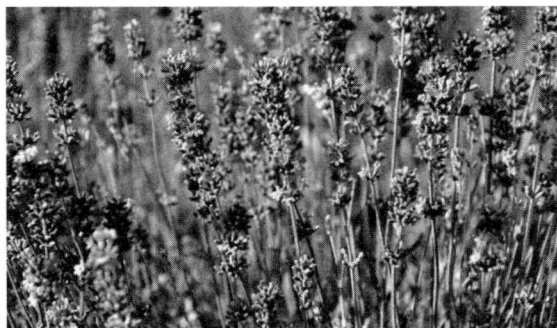

薰衣草

深紫色，稀为粉色或白色。小坚果4枚，光滑。花期6～7月，果期8月。

◆ **生长与繁殖**

薰衣草生长在干旱的环境中、石灰质土壤或有着矮灌木的裸露植被上，海拔一般为250～500米或1800～2000米，分布海拔较高。采用播种、扦插、分根繁殖。因其种子细小、萌芽率低，宜育苗移栽。可采用不同品种间、不同种间杂交和秋水仙素加倍及辐射诱变等方法进行育种。

◆ **栽培管理**

选择土层深厚，质地疏松，肥力中等，灌溉排水方便，土壤总含盐量在0.2%以下，土壤有机质含量1%以上，碱解氮600毫克/千克、速效磷4～8毫克/千克的地块。

春季精细整地，施足基肥。整地前进行一次平整土地，每亩施用磷肥15～20千克、尿素8～10千克、钾肥5～8千克，有机肥1.5～2吨，深翻30～40厘米，耙糖平整后打埂起高垄，垄面宽50～60厘米，垄高30～40厘米，垄间距为70～80厘米。

根据各生长阶段的不同要求及环境条件的变化进行。苗期机械化中耕除草，收花前人工拔草1～2次，保证田间无杂草。返青初期结合浇水，亩施有机肥2000～3000千克，尿素15～20千克、二铵20～30千克。用人工挖环穴深8～10厘米，距苗侧旁10厘米，将混拌均匀的肥料施入后覆土踏实。现蕾期可根外追肥2～3次，亩用尿素300克、磷酸二氢钾200克，兑水40～50千克喷雾，应选择在早晨水干后或傍晚喷肥为好。埋土宜在冬灌后进行，植株盖土6～8厘米，整个株体要覆盖 80% 以上。同时还要加强冬季护苗。返青至收割前一般浇水 3 ～ 4 次，亩灌水 200 ～ 300 立方米，全生育期浇水 6 ～ 8 次。采用畦灌为宜。收割前 15 天左右，适量灌水一次，可延缓薰衣草花萼脱落。花采收后，应及时灌水，促进植株正常生长，封冻前浇水有利于安全越冬。

病虫害主要有枯萎病、根腐病、叶螨、沫蝉和蚜虫等。做好园区规划和基本建设，入冬前将薰衣草田间枯枝落叶进行清理，初春前将薰衣草田间、田埂、沟边、路旁的杂草清除，确保灌溉排水方便，保持通风透光，此外还可采取化学防治和天敌防治。

◆ 采收与加工

花穗与部分叶片。盛花期（主茎花穗有 70% 左右开花）正午采收，阴干后及时提取加工，加工方法为水蒸气蒸馏法。薰衣草鲜花含油率 0.8%，干花含油率 1.5% 左右。

◆ 用途

薰衣草精油主要由单萜和倍半萜组成，主要成分有芳樟醇（25%～38%）、乙酸芳樟酯（25%～45%）、乙酸薰衣草酯（3.4%～6.2%）。薰衣草精油香气宜人，是理想的高端香水、芳香理疗原料，具有杀菌、抗炎、抗氧化等多种功效，并在治疗高血压、帕金森、阿尔茨海默病和抗癌等方面展现出潜在的药用价值。薰衣草释放出的芳樟醇可通过直接刺激嗅觉神经元，作用于 GABAA 受体，进而让受试个体放松。此外，在多种用于降压的民间药用植物中，薰衣草是最有效的 KCNQ5 钾通道激活剂之一，当 KCNQ5 被激活时，能使血管松弛，从而达到降压的效果。连续 7 天接触薰衣草可以改善大鼠的类似抑郁行为，且具有薰衣草剂量依赖效应。其中最可能起作用的是芳樟醇，芳樟醇具有抗抑郁、镇静、抗炎、抗动脉粥样硬化和抗氧化作用，可通过谷氨酸系统和 NMDA 影响抑郁症。吸入含 24.07% 柠檬烯、21.98% 芳樟醇、15.37% 乙酸芳樟醇、5.39% α- 蒎烯和 4.8% α- 檀香醇的复方安神精油可提高小鼠脑内 5- 羟色胺（5-HT）和 γ- 氨基丁酸（GABA）的含量，显著降低小鼠自发活动，减少睡眠潜伏期，延长睡眠时间。

在薰衣草花芽期挥发性成分中，柠檬烯、β- 罗勒烯占比较高，具有驱避蚜虫的作用，使薰衣草顺利生长；盛花期乙酸芳樟酯、乙酸薰衣草酯含量较高，对蜜蜂具有强烈的吸引作用，从而保障异花授粉的薰衣草成功授粉。此外，薰衣草特征性成分——乙酸薰衣草酯是蓟马的聚集信息素，使薰衣草在蓟马生物防治中具有潜在的应用价值。

梅 花

梅是蔷薇科李亚科杏属一种落叶乔木。又称春梅、干枝梅、红绿梅。古名枏、栴。梅古字作"楳"，原字为木上有果的象形。梅花可观赏，果实可食用，果常称果梅。

◆ 栽培史

梅作为观赏植物在中国已有 2000 年以上的栽培历史，作为果树则有 3000 年以上的栽培和 7000 年以上的加工应用历史。古代种植梅树由生产果梅开始，《尚书·说命》中有"若作和羹，尔惟盐梅"的记载，可知古人用梅做调味品等。在商代中叶已采梅食用。梅作为观赏植物源于汉初，初盛于南北朝，兴盛于宋、元。宋代范成大著《梅谱》（1186）

为世界第一部梅花专著。约 710～784 年，梅首次传至日本。1878 年输入欧洲。1908 年有 15 个观赏型梅（即梅花）品种由日本传到美国。20 世纪，日本、朝鲜半岛等地艺梅仍较盛。梅在欧美栽培甚少。约自 20 世纪 70 年代起，梅花开始在新西兰等少数国家作为鲜切花而受到重视。

◆ 分布

梅为中国特产的传统名花、名果。中国台湾、浙江、安徽、江西、江苏、福建、广东、广西、湖南、湖北、四川、云南、西藏、贵州、陕西等地均有野生，而以四川、云南、西藏为其分布中心。梅露地栽培分布于东至中国台湾台北，西起云南丽江，南达海南海口，北抵黑龙江大庆、新疆喀什等广大地区，其中台北、武汉、南京、无锡、杭州、青岛等城市多为著名的赏梅胜地。

梅花

◆ 形态特征

梅树高可达 10 米，最大冠幅约 12 米。树冠常呈不规则球形或倒卵形。梅树干皮褐紫色，老干苍劲可观，小枝常为绿色且无毛。叶广卵形至卵形，边缘具细锐锯齿，先端长渐尖至尾尖。梅的花先叶而放，1～2 朵，多着生于一二年生枝上。核果近球形，侧面略扁，黄色或绿色，密被短柔毛，果肉黏核，梅核（内果皮）表面具蜂窝状小凹点，种子 1 粒。

◆ **品种分类**

梅的变种与变型甚多，观赏型梅花或食用型梅果都有很多品种。梅花的观赏品种至今已逾480个，中国花卉专家陈俊愉按照"二元分类法"将观赏梅的品种分为3系5类16型：①真梅系。梅之嫡系。花、果、枝、叶均较典型，又分直枝梅类、垂枝梅类和龙游梅类，共3类12型。②杏梅系。梅与杏的种间杂种，种性介乎两者之间，而枝、叶较似杏，花型也类杏，花托肿大，花期甚晚，单瓣至重瓣，无香味或微香，抗寒性较强。该系下只有杏梅类，又分为单杏型、丰后型和送春型。③樱李梅系。梅与紫叶李的种间杂种，种性介乎两者之间，而枝、叶较似紫叶李，花型也类紫叶李，花梗长，花中心颜色较深，花期最晚，复瓣至重瓣，无香味，抗寒性较强。该系下只有樱李梅类美人梅型。

◆ **栽培繁殖**

梅喜温暖稍潮湿气候，要求阳光充足、排水良好的条件。较耐寒、耐旱和耐瘠薄，对土壤要求不严，但以疏松深厚肥沃的微酸性土壤最佳。梅性畏涝。实生苗一般2～4年始花，七八年花、果渐盛。嫁接苗、扦插苗则一二年即始花。梅的树龄可达数百年甚至千年以上。以嫁接法繁殖为主，扦插、压条法繁殖次之，播种法繁殖仅在培养砧木或育种时应用。梅的主要虫害有天牛类、梅毛虫、杏球蚧、刺蛾等，主要病害有白粉病、炭疽病等。多用杀虫剂、杀菌剂防治。

◆ **用途**

梅的树姿苍劲传神，花形端雅，花色丰富而动人，花香沁人肺腑，可谓神、姿、形、色、香俱美，为中国传统名花中的佼佼者。梅花傲雪迎霜的意向正是梅花的风骨，代表着中华民族传统的坚韧不拔和坚贞勇敢的精神。梅与松、竹相配称"岁寒三友"，梅、兰、竹、菊合称"四君子"，中国人普遍爱好，有口皆碑，由来已久。宜植于庭院、草坪、低山、居住区、风景区等处，孤植、丛栽或大片群植形成梅林、梅岭均可。梅也适于盆栽或作盆景，并是插瓶等花卉装饰的好材料。果实味酸而爽口，可加工食用，还可入药。梅树木材坚韧，也是雕刻及制作算盘珠的良材。

茉　莉

茉莉是木樨科素馨属常绿灌木。

◆ 分布

茉莉原产于印度，中国广泛引种栽培。

◆ 形态特征

茉莉高 0.5 ～ 3 米，小枝纤细，有棱角。单叶对生，薄纸质，圆形、椭圆形或宽卵形，长 3 ～ 8 厘米，先端急尖或钝圆，基部圆形，全缘。聚伞花序，通常有花 3 至多朵，花萼裂片线形，花冠白色，浓香。果球形，径约 1 厘米，紫黑色。花期 5 ～ 8 月。

茉莉

◆ 生长习性

茉莉喜光，稍耐阴，在夏季高温潮湿、光照强的条件下开花最佳，否则花小而少。喜温暖气候，不耐寒，最适合生长温度 25 ～ 35℃。不耐旱，忌水涝。喜肥，宜在疏松、肥沃的土壤中生长。用扦插、压条、分株法繁殖均可。

◆ 用途

茉莉枝叶茂密，叶色碧绿，花色清雅而香味纯正，观赏价值高。在中国华南、西南地区可露地栽培，作树丛、树群的下木，也可作花篱植于路旁。长江流域及其以北地区则盆栽观赏。其花也可用于制茶。

樱 花

樱花是蔷薇科李属樱亚属观花树木的统称。

◆ 分布

樱花广泛分布于北半球的温带与亚热带地区，亚洲、欧洲及北美洲均有分布，但主要集中在东亚地区。中国西部、西南部及日本、朝鲜一带集中了世界樱亚属植物的大部分种类。同亚属植物全世界有150多种，中国拥有该亚属植物44种。

◆ 栽培史

樱花在中国栽培观赏已久。据《广群芳谱》记载，晋朝时，宫廷中已有樱花树栽植；中晚唐时，樱花已成为重要的观赏花木，开始普遍作为歌咏对象出现在诗文中。

◆ **形态特征**

櫻花为落叶乔木。树皮灰或黑褐色、棕色，具皮孔，皮横裂或纵裂。叶柄有腺点，叶卵形、卵状椭圆形、矩圆形，叶缘常具锯齿。花先叶开放或与叶同时开放，数朵花形成伞形、伞房或短总状花序，花白色、粉红色、红色、绿色或黄色，花期2～5月。核果成熟时肉质多汁，红色、紫红色或黑色，不开裂；核球形或卵球形，表面平滑或有棱纹。

◆ **种类**

櫻花种类繁多，根据花期不同（以东京櫻花为参照），可分为早樱、中樱、晚樱；根据花瓣数量不同，可分为单瓣（5～10瓣）、半重瓣（11～20瓣）、重瓣（21～50瓣）、菊瓣（51瓣以上）；根据花色不同，可分为白色、红色、粉红色、深红色、黄色、绿色等。中国樱花主要栽培品种为东京樱花（染井吉野）、关山樱、寒绯樱、椿寒樱、阳光樱、八重红枝垂、云南冬樱花、山樱花、

迎春樱

迎春樱、尾叶樱、初美人、福建山樱花、河津樱、普贤象、松前红绯衣、郁金等。樱花在日本栽培较为普遍，品种有300多个。

◆ **繁殖与栽培**

櫻花繁殖主要采用播种、扦插、嫁接、压条等方法。砧木可采用播

种或压条繁殖，栽培品种需要嫁接繁殖，嫁接砧木可用山樱花、寒绯樱、华中樱、尾叶樱、草樱等。喜光，根系浅，不耐涝，喜深厚肥沃且排水良好的土壤。

◆ **用途**

樱花是早春著名的观花树种，早春伊始，繁花竞放，轻盈娇艳，如云似霞，引人入胜。宜成片群植，也可丛植于草坪、林缘、路旁、溪边、坡地等处，或在居住区、公园道路两侧列植形成夹道景观。福建、云南等地将寒绯樱或高盆樱种植在茶园内形成绿茶红樱的绯红景观，尤为壮观。

桃

桃是蔷薇科李属落叶小乔木。

◆ **分布**

桃树原产于中国，各地区广泛栽培。桃在世界各地均有栽植、花可观赏。

◆ **形态特征**

桃树高 3 ～ 8 米，树冠宽广而平展。树皮暗红褐色，老时粗糙呈鳞片状。小枝细长，无毛，有光泽，绿色，向阳处转变成红色，皮孔较多。冬芽圆锥形，顶端钝，外被短柔毛，常 2 ～ 3 个簇生，中间为叶芽，两侧为花芽。叶片长圆披针形、椭圆披针形或倒卵状披针形，长 7 ～ 15 厘米，宽 2 ～ 3.5 厘米，先端渐尖，基部宽楔形，上面无毛，下面在脉腋间具少数短柔毛或无毛，叶边具细锯齿或粗锯齿，齿端具腺体或无腺

体。叶柄粗壮，长 1 ～ 2 厘米，常具 1 至
数枚腺体，有时无腺体。桃花单生，先于
叶开放，直径 2.5 ～ 3.5 厘米；花梗极短
或几无梗；萼筒钟形，被短柔毛，绿色而
具红色斑点；萼片卵形至长圆形，顶端圆
钝，外被短柔毛；花瓣长圆状椭圆形至宽
倒卵形，粉红色，罕为白色；雄蕊 20 ～ 30，
花药绯红色；花柱几与雄蕊等长或稍短；
子房被短柔毛。果实形状和大小均有变异，
卵形、宽椭圆形或扁圆形，直径 3 ～ 12

桃

厘米，长几与宽相等，色泽变化由淡绿白色至橙黄色，常在向阳面具红晕，
外面密被短柔毛，稀无毛，腹缝明显，果梗短而深入果洼。果肉白色、
浅绿白色、黄色、橙黄色或红色，多汁有香味，甜或酸甜。核大，离核
或黏核，椭圆形或近圆形，两侧扁平，顶端渐尖，表面具纵、横沟纹和
孔穴。种仁味苦，稀味甜。桃花期在 3 ～ 4 月，果实成熟期因品种而异，
通常为 6 ～ 9 月。

◆ 聚殖与习性

桃可通过播种、嫁接法繁殖。桃喜光、喜温暖，喜肥沃而排水良好
的土壤，不耐水涝。

◆ 用途

桃花可供观赏，果实为中国常见水果。

兰　花

兰花是兰科兰属附生或地生草本植物的习称。

◆ 分布与分类

兰科是被子植物种数最多的科之一。全世界野生兰科植物有800多属、近30000种，中国野生兰科植物有173属、1240多种，其中1/4可供观赏，如蝴蝶兰属、石斛兰属、兜兰属、杓兰属和独蒜兰属等。兰属全世界有50～60种，主要分布于亚洲热带和亚热带地区，少数种类也见于澳大利亚。中国有31种，是兰属植物分布中心之一。

◆ 形态特征

兰花叶数枚至多枚，通常生于假鳞茎基部或下部节上，二列，带状或罕有倒披针形至狭椭圆形，基部一般有宽阔的鞘并围抱假鳞茎，有关节。总状花序具数花或多花，颜色有白、纯白、白绿、黄绿、淡黄、淡黄褐、黄、红、青、紫等色。

◆ 类型

兰花按生活习性可分为地生兰、附生兰和腐生兰；按产地可分为国兰和洋兰。

国兰

中国传统名花中的兰花主要指兰属植物中的地生兰种类，即国兰，包括春兰、蕙兰、建兰、墨兰、寒兰、莲瓣兰和春剑等，在中国栽培历史悠久。国兰均为多年生草本，一般具有粗厚的肉质根，茎通常较短，不同程度地膨大成肉质的假鳞茎，以贮藏水分与养分。兰属植物的叶片多为带形或线形。国兰的花葶又称为"花箭"，侧生，直立或近直立，总状花序具数花或数十花。兰属植物的花和兰科其他种类大同小异，野生由1片中萼片、2片侧萼片、2片花瓣和1片唇瓣组成，古籍中把中萼片称为"主瓣"，侧萼片称为"副瓣"，花瓣称为"捧心"，唇瓣称为"舌"，蕊柱称为"鼻头"。

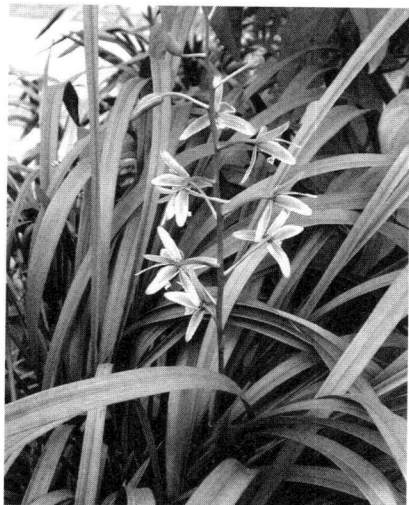

墨兰

洋兰

民间所说的"洋兰"多指产于热带的兰花种类，又称热带兰，多为附生，包括蝴蝶兰、万代兰、文心兰、卡特兰、兜兰、石斛兰等。与国兰相比，洋兰花大，颜色鲜艳，少有香味。

◆ 栽培和繁殖

兰花喜阴，怕阳光直射；喜湿润，忌干燥；喜肥沃、富含腐殖质的基质。养兰八字要诀：通风、排水、湿润、温暖，不同种类对光照、温度、湿度和通风的要求并不完全相同。可通过分株、播种、组织培养等进行繁殖。主要病虫害有炭疽病、叶斑病等。

◆ 用途

国兰品种繁多，花型独特，多具奇香，花叶均可欣赏，常作盆花栽培。兰花是高洁典雅的象征，与"梅、竹、菊"并称"四君子"。兰花还是中国十大名花之一。古人将兰花誉为"国香""香祖"，常以"兰章"喻诗文之美，以"兰交"喻友谊之真。兰花是中国宜兰、贵阳、保山等城市的市花。

小苍兰

小苍兰是鸢尾科香雪兰属多年生球根花卉。小苍兰原产于非洲南部。

◆ 形态特征

小苍兰球茎狭卵形或卵圆形，有薄膜质包被，包被上有网纹及暗红色的斑点。叶剑形或条形，略弯曲，长 15～40 厘米，宽 0.5～1.4 厘米，黄绿色，中脉明显。花茎直立，上部有 2～3 个弯曲的分枝，下部有数枚叶。花无梗。每朵花基部有 2 枚膜质苞片，苞片宽卵形或卵圆形，顶端略凹或 2 尖头，长 0.6～1 厘米，宽约 8 毫米。花直立，淡黄色或黄绿色，有香味，直径 2～3 厘米。花被管喇叭形，长约 4 厘米，直径约 1 厘米，基部变细。花被裂片 6，2 轮排列，外轮花被裂片卵圆形或椭圆形，长 1.8～2 厘米，宽约 6 毫米；内轮花被较外轮花被裂片略短而狭。雄蕊 3，着生于花被管上，长 2～2.5 厘米。花柱 1，柱头 6 裂，子房绿色，近球形，直径约 3 毫米。蒴果近卵圆形，室背开裂。花期 4～5 月，果期 6～9 月。

◆ 用途

中国南方各地多露天栽培，北方各地多盆栽。小苍兰因花色丰富和香味浓郁而深受园艺爱好者的欢迎，栽培种类众多。可提取香精，其香精油是沐浴乳、身体保养乳液的原料。

第 2 章

香根植物

华山松

华山松是松科松属常绿乔木。因模式标本采自陕西华山而得名。又称华阴松、在河南称白松、在四川称五须松、在陕西称葫芦松，在云南称果松。

◆ 分布

华山松产于中国山西南部中条山、河南西南部及嵩山、陕西南部秦岭（东起华山，西至辛家山）、甘肃南部（洮河及白龙江流域）、四川和湖北西部、贵州中部及西北部、云南北部和中部、西藏雅鲁藏布江下游。呈不连续片状分布，垂直分布范围海拔 1000 ～ 3400 米。江西庐山、浙江杭州等地有栽培。

◆ 形态特征

华山松幼树树皮灰绿色或淡灰色，平滑，成年树皮白灰色，成方形或块状固着于树干上，或脱落；枝条平展，树冠圆锥形或柱状塔形。微具树脂，芽鳞排列疏松。针叶 5 针一束，树脂道通常 3 个；叶鞘早落。雄球花黄色，卵状圆柱形，长约 1.4 厘米。球果圆锥状长卵圆形，长10 ～ 20 厘米，径 5 ～ 8 厘米；幼时绿色，9 月中旬至 10 月中下旬成熟；

成熟时黄色或褐黄色，种鳞张开，种子脱落，果梗长 2～3 厘米；种子黄褐色、暗褐色或黑色，倒卵圆形，长 1～1.5 厘米，径 6～10 毫米，无翅。花期为 4～5 月，球果第二年 9～10 月成熟。

华山松喜温和、凉爽、湿润，忌水湿，不耐盐碱，喜光。幼苗耐庇荫，能在林冠下更新，气候不过于干燥时，也能在全光下生长。幼树随

华山松林

年龄增大而对光照要求增强。高温及干燥是限制其分布的主要因素。幼龄阶段生长迅速，在条件适宜的地方生长速度可与油松、云南松相当。在较好的立地条件下，蓄积量可

达 400～500 立方米/公顷。结实年龄为 10～12 年，种子年间隔期一般为 3 年左右。根系较浅，主根不明显，侧根、须根发达，对土壤水分要求较严格。根系有菌根，共生的菌根菌为栗壳牛肝菌和美味牛肝菌等。新栽植时应注意菌根菌接种。

◆ 培育技术

华山松采用播种育苗。球果由绿色变为绿褐色时及时采收，采回后，先堆放 5～7 天，曝晒 3～4 天，果鳞大部分张开时敲打翻动，种子即可脱出。种子阴干，忌曝晒。播种育苗时，因种皮厚，发芽慢，宜早播。条播、撒播均可，以条播为主。多采用植苗造林，也可进行播种造林。造林一个月前整地。山地、丘陵应采用穴状整地或带状整地，穴宽 30～40 厘米，

深 15 ～ 20 厘米。带状整地可采用水平阶、水平沟和反坡梯田等。主要病害有瘤病，主要虫害有华山松大小蠹、欧洲松叶蜂、松毛虫、松梢螟等。

◆ 用途

华山松树体高大，叶色翠绿，冠形优美，是重要的园林绿化和用材树种。材质轻软，纹理直，宜制作家具；也是建筑、枕木、桥梁、电杆、矿柱、农具用材；也可作铸型木模、火柴梗片、包装箱、胶合板等。木材富含纤维素，是优良的造纸原料；可采脂制松香松节油；树皮可提栲胶；针叶综合利用可提制芳香油、造酒、制隔音板，造纸，制绳索；精油中含龙脑酯；种子可食用，种子含油量为 42.76%（出油率为 22.24%），皂化值为 196.6，碘值为 132.2，酸值为 3.5，属干性油，种仁含丰富的蛋白质和钙、磷、铁等元素，是上等干果食品。

杜　松

杜松是柏科刺柏属常绿灌木或小乔木。又称刚桧、崩松、棒儿松、普圆柏、软叶杜松。

◆ 分布

杜松分布于中国黑龙江、吉林、辽宁、内蒙古、河北、山西、陕西、甘肃及宁夏等地。朝鲜、日本也有分布。

◆ 形态特征

杜松高达 10 米，树冠圆柱形，老时圆头形。大枝直立，小枝下垂。三叶轮生，条状刺形，质厚，坚硬，端尖，叶面凹下成深槽，槽内有一条窄白粉带，背面有明显的纵脊。球果，成熟时呈淡褐黄色或蓝黑色，被白粉。种子近卵形，顶端尖，有四条不显著的棱。

◆ 繁殖和栽培

杜松强阳性树种，稍耐阴、耐干旱、耐严寒，喜冷凉气候。深根性，对土壤的适应性强，耐干旱瘠薄土壤，能在岩缝中顽强生长，可以在海边干燥的岩缝间或沙砾地生长。一般以播种繁殖。将果实晾晒十几天后，用石块进行揉搓，除去果皮、果肉，选出种子。杜松的种皮坚硬，透水性差，可以用强迫高温浸种的方法打破种子的休眠。首先用高锰酸钾溶液浸种灭菌后，捞出洗净，用80℃的热水进行浸种。浸种3天后，再用40℃的温水浸种7～10天后进行沙藏。其间可以进行变温混沙或低温层积催芽。种子经过一冬的沙藏后已吸水膨胀，3月下旬可将种子搬出室外。随着气温回升，种子很快萌动，有部分种子裂开后即可播种。

杜松的种子

◆ 用途

杜松可作为园林绿化树种，其枝叶浓密下垂，树姿优美。北方各地栽植为庭园树、风景树、行道树和海崖绿化树种。适宜于公园、庭园、绿地、陵园墓地孤植、对植、丛植和列植，还可以栽植绿篱、盆栽或制作盆景，供室内装饰。果实入药，有利尿、发汗、祛风等效用。木材坚硬，边材黄白色，心材淡褐色，纹理致密，耐腐力强。可作工艺品、雕刻品、家具、器具及农具等用材。

铁　杉

铁杉为裸子植物，松目松科铁杉属常绿乔木。

◆ 分布

铁杉是中国特有树种，分布范围广，分布区地跨中亚热带至北热带，气候温凉湿润，雨量充沛，云雾重，湿度大，海拔为1000～3500米。适宜土壤为肥沃的酸性乌色红黄壤。主要产于甘肃白龙江流域，陕西南部、河南西部、湖北西部、四川东北部及岷江流域上游、大小金川流域、大渡河流域、青衣江流域、金沙江流域下游和贵州西北部海拔1200～3200米的地带。在河南、陕西、甘肃、湖北、四川东北部及贵州等地多呈星散分布，在四川西部峨边、泸定、天全等地尚有较大面积的森林，常在海拔2000～3000米与云南铁杉、麦吊云杉、油麦吊云杉、冷杉组成针叶树混交林或成纯林，在云南东南部马关、麻栗坡多生长于针阔叶混交林中。另外，在浙江昌化、安徽黄山、福建武夷山、江西武功山、湖南莽山、广东、广西、西藏、贵州中部也有分布。台湾分布有铁杉的一个变种。

◆ 形态特征

铁杉通常树高25～30米，胸径40～80厘米。树皮片状剥落，褐灰色，大枝平展，枝梢下垂。树冠塔形，直立高大，树干下部大枝通常不脱落。侧枝展开，线型的叶在枝上螺旋状排列，基部扭转排成两列，条形，先端纯圆，有凹缺，全缘。叶面绿色有光，叶背淡绿，有两条气孔带。铁杉于每年的 4～5 月开花，10 月间球果成熟。铁杉为耐荫树种，幼树畏惧强烈日照，成年树可在林缘生长。

◆ 分类系统

铁杉除了原变种，还包含几个变种，如台湾铁杉、丽江铁杉、大果铁杉、长阳铁杉和矩鳞铁杉等。不过这些变种是否有效，或是否应该成为独立的物种仍存在很多争议，如有些学者认为丽江铁杉应该处理为独立的物种，而矩鳞铁杉有时被处理为独立的物种，有时被处理为变种。

◆ 用途

铁杉是珍贵的用材树种，成材树干硬度大，故名"铁杉"。木材通直圆满，纹理细致均匀，耐水湿、抗腐蚀性强，坚实耐用，是家具和造船的优良材料。长苞铁杉是一种喜湿、耐贫瘠的阳性树种，在林业生产实践上具有重要意义。

檫 木

檫木是樟科檫木属落叶阔叶乔木。别称檫树、青檫、桐梓树、黄楸树。

檫木树姿雄伟，树形优美，秋叶变红，是优良的园林观赏树种，也是城市园林绿化和营造风景林的优良树种。檫木属共有 3 种。除檫木外，还有美洲檫木和台湾檫木两种。

◆ 分布

檫木分布在北纬 23°00′～32°20′，东经 102°00′～122°00′的广大地区。主要分布于中国浙江、江西、湖南、湖北、安徽、江苏、福建、四川、贵州、广东、广西及云南等地。分布区年均气温为 9.3 ～ 22.8℃，最冷月平均气温为 -3.3 ～ 14.7℃，温暖指数为 69.8 ～ 213.6；年降水量为 670 ～ 2148 毫米，湿润指数为 -9.5 ～ 130.7。常生长于海拔 150 ～ 1500 米的疏林或密林中，多在 800 米以下。天然林多位于山谷及山坡中下部，与马尾松、杉木、樟树等混生，呈团状分布或单株散生。

◆ **形态特征**

檫木树高可达 35 米，胸径可达 2 米以上，树干圆满通直。幼龄树树皮黄绿色、平滑；成龄大树树皮深灰色，不规则纵裂。芽大，具鳞片，密被黄色绢毛。叶互生，全缘或 2 ～ 3 裂，羽状脉或离基三出脉；叶柄细长，带红色。花序顶生，先叶开放，花两性，黄色，有香气，花药四室，花梗纤细，密被棕褐色柔毛，花期 3 ～ 4 月。核果近球形，呈紫黑色或蓝黑色，外果皮肉质、多汁；果梗无毛，与果托呈红色，果期 5 ～ 9 月。

◆ **培育技术**

檫木选择通风向阳、地势平坦、土壤肥沃、土层深厚、灌溉方便、排水良好、微酸性沙壤和壤土的土地作为苗圃。深耕细整，可用福尔马林、硫酸亚铁等进行土壤消毒，施足基肥，高床育苗，使用檫木种子园生产的良种。种子成熟后脱落，需适时采种。采后及时去除果皮、清洗干净，消毒，冷库储藏或层积沙藏。多采用条播方法，条距为 30 ～ 40 厘米，播种量为 150 ～ 225 千克 / 公顷。播后覆盖细沙土 1.0 ～ 1.5 厘米，适宜苗木密度每亩 12 万～ 15 万株（1 公顷 =15 亩）。为减少苗期杂草管理，覆土后，可喷施浓度为 50% 的扑草净可湿性粉剂除草，对出苗率影响很小并可显著提高幼苗高生长率。檫木还可采用芽苗移植方法育苗，在 3 月上旬温水浸种后，沙床上催芽，芽苗长至 2 ～ 3 厘米时，选择阴天移植苗床，每亩 6 万～ 10 万株，移植后加强水分管理，并遮阴，保证成活。

檫木立地选择以海拔 800 米以下的向阳山坡为佳，在土层瘠薄干燥的立地上生长不良，迎风坡顶及低洼积水地不宜造林。整地方式可选用水平带整地、块状整地。植苗造林，大穴栽植，有条件的情况下适施基肥，促进幼林生长。造林株行距为 2 米 ×3 米或 3 米 ×3 米。春季是最重要的造林季节，由于萌芽早，宜早春造林；在冬季无严重冻害的地区，可冬季造林，即在落叶后造林。萌芽力强，截干造林，效果较好。造林宜用穴植法，在起苗、包装、运输中注意保护苗根。栽植时做到穴大根舒、深植埋实，根土密结。最适营造混交林，可与杉木、马尾松等针叶树种混交。混交造林时，宜采用行带混交、星状混交。采用行带混交时，针叶树栽植 5 ～ 8 行构成带，与檫木单行混交。采用星状混交时，在针叶林分中，星状栽植檫木，密度 225 ～ 300 株 / 公顷。强阳性树种，造林密度适宜，自然整枝良好，不需修枝。纯林造林应适时抚育采伐，否则会因密度过大引起强烈自然整枝，造成林分生长衰退。檫木纯林易发生檫白轮蚧危害，可在 5 月底至 6 月上旬用 50% 马拉松乳剂、40% 乐果乳剂 1000 倍液防治第一代初孵幼虫。

◆ 用途

檫木是亚热带地区重要的珍贵用材树种。其木材坚硬致密，边材黄色或浅褐色，心材栗褐色或暗褐色，易干燥、不翘不裂，切面光滑，纹理美观，抗压力、抗腐性强，具芳香，耐水湿，是造船、建筑、上等家具的优良用材。枝、叶、根含芳香油，可作药用。种子含梓油，用于制造油漆。树皮、根皮含有鞣质，可提炼鞣酸。树皮及叶入药，有祛风逐湿、活血散瘀之效。

香根鸢尾

香根鸢尾是鸢尾科鸢尾属多年生草本植物。又称乌鸢、扁竹花。

◆ 分布

香根鸢尾原产于欧洲。主要分布于意大利、法国、摩洛哥及印度北部。意大利的佛罗伦萨地区为香根鸢尾的栽培中心。中国浙江、云南、河北等地有引种栽培。

◆ 形态特征

香根鸢尾根状茎粗壮而肥厚，扁圆形，直径可达 2.5 厘米，斜伸，有环纹，黄褐色或棕色；须根粗壮，黄白色。花茎光滑，绿色，有白粉。叶灰绿色，外被有白粉，剑形，长 40～80 厘米，宽 3～5 厘米，顶端短渐尖，基部鞘状，无明显的中脉。花大，蓝紫色、淡紫色或紫红色，直径可达 12 厘米；蒴果卵圆状圆柱形，长 4.5～4.7 厘米，直径 2.5～3.5 厘米，顶端钝，无喙，成熟时自顶端向下开裂为三瓣；种子梨形，棕褐色，无附属物。

香根鸢尾

花期 5 月，果期 6 ～ 9 月。

◆ 生长与繁殖

香根鸢尾适生于地中海式气候。冬暖夏凉，喜光，较耐寒，但不能耐受盛夏的高温。对土壤要求不严，但以肥沃、疏松、地势较高、排水良好的砂质土壤生长较好，以中性和微碱性为宜，黏土积水地和盐碱地不宜生长。一般生长于多石砾石灰质坡地和周围有树木的空旷山脊地带。以根茎繁殖、种子繁殖和组织培养方式繁殖，但以根茎繁殖为主。

香根鸢尾育种方法包括杂交育种、诱变育种、现代生物技术育种（植物离体培养和分子育种）等。

◆ 栽培管理

香根鸢尾生产田应选择土质疏松、排水良好的坡地或平地，深耕细作，施 2500 ～ 4000 千克 / 亩堆肥、有机肥等，并施 50 千克 / 亩（1 亩 ≈ 666.67 平方米）过磷酸钙或 100 千克 / 亩草木灰作基肥，翻耕整平后作畦，畦宽 100 厘米，高 30 厘米。

香根鸢尾根据各生长阶段的不同要求及环境条件的变化进行。幼苗期及时除草，成苗后每年春季进行除草松土，除草时勿伤害根茎和叶。每年春季开沟施一次追肥，每亩施有机肥 2000 千克左右，过磷酸钙 25 千克。夏季以后，以培土为主，防止倒伏。香根鸢尾耐干旱，但定植时要适当浇水，保护土壤湿润，成苗后少浇水或不浇水，雨天注意排水，一旦积水会造成大片死亡。

香根鸢尾主要虫害为蛴螬，一般采用人工捕杀，也可化学防治。主要病害为锈病，冬季地上部分枯萎后消除枯叶并烧毁，以减少病原菌。

◆ 采收与加工

秋季从土壤中挖出根茎洗净，可直接用于提油，也可切片，晾干后粉碎再提取精油。

◆ 用途

香根鸢尾是园林观赏植物，花可作为切花。香根鸢尾根状茎可提取香料，用于制造化妆品或作为药品的矫味剂和日用化工品的调香剂、定香剂。从香根鸢尾根状茎提取的鸢尾浸膏可用于化妆品、香皂香水、食品香精，在薰衣草型、花露水型、科隆型香精中使用尤为适宜。提取香料成分之后的香根鸢尾根状茎残留物可用作消毒熏烛、香囊等填充料。

姜

姜是姜科姜属多年生宿根草本植物。又称生姜。作一年生蔬菜栽培，以根状茎供食用。

◆ 分布

姜原产于东南亚，栽培地区主要分布在亚洲的热带至温带。

◆ 形态特征

姜株高 60 ～ 80 厘米，地上茎为假茎，由叶鞘组成，从地下根状茎两侧发生指头状分枝。根状茎肉质，黄色。叶披针形。一般不开花，在热带地区当根状茎瘦小时才抽花茎，顶端着生淡黄色花苞。

◆ 栽培管理

姜性喜温暖，植株生长适温为 22 ～ 25℃，5℃ 以下停止生长。适宜各种土壤，以微酸性肥沃沙壤生长最好。在热带地区，春季随时可从姜田拔取姜苗栽种，或掘出姜株分株繁殖；亚热带及温带则用根状茎作种繁殖。一般在 25 ～ 28℃ 催芽，待芽长 1 ～ 2 厘米时播种。喜阴而不耐强光，出苗前后需遮阴，秋凉时拆除。种姜在栽培过程中并不会烂掉，前期所含的养分用于形成姜苗；中后期又从姜苗获得养分，形成老姜。当年形成的根状茎，通称嫩姜。老姜耐储藏，辣味浓，商品价值和调味品质均优于嫩姜。主要病害为姜腐病，通称姜瘟，可通过排水、选用无病姜块作种和轮作等防治。

◆ 用途

姜含有挥发油和姜辣素，包括姜油酮和姜酚等成分，具有独特香辣味，是重要的调味品。可酱渍、糖渍、制姜干和提取姜油。在中医学，姜还具有健胃、祛寒、发汗和解毒等药效。

姜

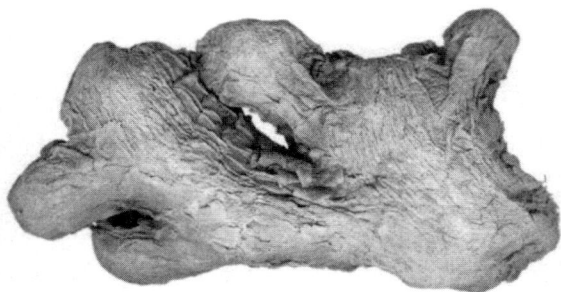

老姜

菖　蒲

菖蒲是被子植物单子叶植物菖蒲目菖蒲科菖蒲属的一种。名出《神农本草经》。

◆ 分布

中国各地均有分布。北半球温带、亚热带均有分布。主要集中于海拔 2600 米以下的水边、沼泽湿地或湖泊浮岛上，也常有栽培。

◆ 形态特征

菖蒲是多年生草本。具有分枝的横走根茎，根茎稍扁；外皮黄褐色，直径 5 ～ 10 毫米，有芳香味。具有多数肉质根，长 5 ～ 6 厘米，肉质根上具毛发状须根。叶草质，绿色，全部基生。叶片剑状线形，长 60 ～ 100 厘米，基部宽、对褶，中部以上渐狭，中肋在两面均明显隆起，侧脉 3 ～ 5 对。总花序梗三棱形，长 40 ～ 50 厘米。肉穗花序具剑状线形的佛焰苞，长 30 ～ 40 厘米。花序斜向上或近直立，锥状圆柱形，长 4 ～ 9 厘米，直径 6 ～ 20 毫米。花两性，花被片 6，黄绿色，长约 2.5 毫米，宽约 1 毫米。雄蕊 6，花丝长 2.5 毫米，宽约 1 毫米。雌蕊子房长圆柱形，长 3 毫米，直径 1 ～ 1.5

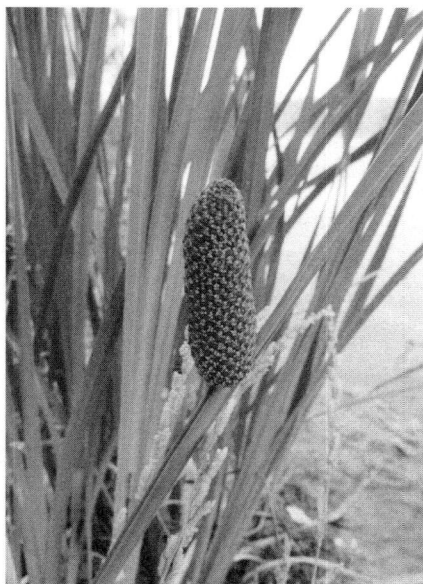

菖蒲

毫米。浆果红色，长圆形。花期 6 ～ 7 月，果期 8 月。

◆ 用途

明代医药学家李时珍认为菖蒲正品应为"生于水石之间，叶具剑脊，瘦根节密，高尺余者，石菖蒲也"，这里指的就是本种菖蒲。菖蒲的干燥根茎可以入药，名为藏菖蒲，是藏族的习用药材，其入药味苦、辛，性温、燥、锐，具有温胃、消炎止痛之功效，可用于治疗消化不良、食物积滞、白喉、炭疽等症。外用可敷疮疖。兽医用全草治牛膀胀病、肚胀病、百叶胃病等。

甘 草

豆科甘草属多年生草本植物。以其干燥根及根状茎入药，药材名甘草。又称国老、甜草、乌拉尔甘草、甜根子。

◆ 分布

在中国，主产于内蒙古、宁夏、甘肃、新疆等地。多栽培。蒙古国及俄罗斯西伯利亚地区也有分布。

◆ 形态特征

株高 30 ～ 120 厘米。根与根状茎粗壮，直径 1 ～ 3 厘米，外皮褐色，里面淡黄色，具甜味。茎直立，多分枝，密被鳞片状腺点、刺毛状腺体及白色或褐色的绒毛。叶两面密被白色短柔毛；叶柄密被褐色腺点和短柔毛。总状花序腋生，具多数花，总花梗短于叶，子房密被刺毛状腺体。荚果弯曲呈镰刀状或呈环状。种子暗绿色，圆形或肾形。花期 6 ～ 8 月。果期 7 ～ 10 月。

◆ **生长习性**

深根性植物。生长于北温带地区的平原、山区、河谷。甘草喜光、耐旱、耐热、耐盐碱和耐寒的特性，适宜在土层深厚、土质疏松、排水良好的沙壤土中生长。

野生甘草

◆ **繁殖方法**

主要有利用根茎上的不定芽无性繁殖和种子繁殖两种方式。

◆ **栽培管理**

①选地与整地。应选择地下水位较深，排水良好，土壤微碱性，

甘草药材

土层深厚，灌溉便利的沙壤土栽培甘草。种植甘草的土地应在前 1 年秋季深耕 1 次，耕深不少于 35 厘米。②田间管理。当甘草秧苗长到 15 厘米高时，株距 15 厘米，每亩保苗约 2 万株。一般在出苗的当年中耕除草 3 ～ 4 次，从第 2 年起甘草根分蘖，可适当减少中耕次数，中耕主要消灭菟丝子等田间杂草。视土壤类型及盐碱度而灌溉。人工栽培甘草的关键是保苗，一般植株长成后不再进行浇水。③病虫害防治。锈病防治

方法：将病株集中起来烧毁，初期喷洒特用农药即可防治。褐斑病防治方法：病株集中起来烧毁，或外施抗菌农药即可。白粉病防治方法：喷施面浆水可有效防治。主要害虫有叶甲虫、红蜘蛛和蚜虫，一般采用药剂防治。

◆ **采收加工**

一般生长 3 ～ 4 年后采收，采挖以秋季为好。将挖取的根和根状茎，切去两端，除去小根、茎基和幼芽，洗净，晒干或烘干。

◆ **用途**

甘草味甘，性平。具补脾益气，清热解毒，祛痰止咳，缓急止痛，调和诸药功效。用于脾胃虚弱，倦怠乏力，心悸气短，咳嗽痰多，脘腹、四肢挛急疼痛，痈肿疮毒，缓解药物毒性、烈性。

2015 版《中华人民共和国药典》收载同属植物胀果甘草和光果甘草作为药材甘草的基原植物。主产中国西北及周边国家。

第 **3** 章

香果植物

白 芷

白芷是伞形科当归属多年生草本植物。又称香白芷。以干燥根入药，名为白芷。

◆ 分布

白芷在中国主要分布于河北、河南、四川、浙江、湖北、湖南等地。已实现人工栽培。

◆ 形态特征

白芷株高可达 2.5 米。根圆柱形，有分枝，黄褐色，有浓香。茎中空，带紫色。基生叶一回羽裂，有长柄；茎上部叶二至三回羽裂；叶宽卵状三角形，有不规则白色软骨质重锯齿。复伞形花序；萼无齿；花瓣倒卵形，白色；花柱基短圆锥形。果长圆形。花期 7～8 月，果期 8～9 月。

白芷

◆ 生长习性

白芷喜温暖、湿润、光照充足环境，生长适宜温度 15 ～ 28℃。幼苗耐寒力较强，能忍耐 -7 ～ -6℃ 低温。喜肥，宜种植在土层深厚、疏松肥沃、排水良好的砂质土壤。不宜在盐碱地栽培，不宜重茬。

◆ 繁殖方法

白芷用种子繁殖。选择当年收获的种子做播种材料，隔年陈种子发芽率低或不发芽。其折断根节也可萌发为植株，但生产上一般不采用。

◆ 栽培管理

选择地势平坦、耕层深厚、疏松肥沃、排水良好的沙壤土。前作收获后，及时翻耕。耕翻前施入有机肥作基肥。

①间苗定苗。第 2 年早春返青后，苗高 5 ～ 7 厘米第 1 次间苗，苗高 10 厘米左右第 2 次间苗。清明前后苗高约 15 厘米时定苗。②中耕除草。每次间苗时结合中耕除草。③追肥。追肥次数和数量依据植株长势而定。④排灌。生长发育前期保持土壤湿润，秋播越冬前浇透水 1 次，第 2 年春季配合追肥适时灌水。在多雨地区和多雨季节应注意排水防涝。

斑枯病严重时造成叶片枯死。防治方法：选择无病植株留种；白芷收获后，将残留根挖掘干净，集中处理，减少越冬菌源；发病初期用杀菌剂防治。根结线虫防治方法：轮作；杀线虫剂灌根或沟施。6 ～ 8 月金凤蝶幼虫为害严重。防治方法：零星发生时人工捕捉；尽量在卵孵化盛期或低龄幼虫期进行药剂防治。

◆ 采收加工

春播当年 10 月中下旬收获。秋播第 2 年 7 ～ 9 月叶黄时采收。选晴天进行，先割去地上茎叶，挖出全根，除去须根和泥沙，晒干或低温烘干。

◆ 用途

药材白芷味辛，性温。有解表散寒，祛风止痛，宣通鼻窍，燥湿止带，消肿排脓等功效。多用于感冒头痛、眉棱骨痛，鼻塞流涕，鼻衄，鼻渊，牙痛等。含有多种香豆素、欧前胡内酯、珊瑚菜素等。具有抗真菌作用。

甘　松

甘松是被子植物真双子叶植物川续断目忍冬科甘松属的一种。又称甘松香。名出《本草纲目》。

◆ 分布

甘松分布于中国甘肃东南部、青海南部、四川西部、西藏及云南北部；印度、尼泊尔、不丹也有分布。生长于海拔 2500 ～ 5000 米的高山灌丛或山坡草地。

◆ 形态特征

甘松为多年生草本，高 7 ～ 50 厘米。基生叶匙形或线状倒披针形，长 3 ～ 20 厘米，宽 0.5 ～ 2 厘米，全缘，顶端圆钝。茎生叶 2 ～ 3 对，椭圆形、倒卵形或披针形。头状花序顶生，直径 1.5 ～ 2 厘米；总苞片 4 ～ 6 枚，披针形；小苞片宽卵形。花萼 5 裂，裂片半环形至三角状披针形；花冠紫红色或粉红色，钟形，长 0.7 ～ 1.1 厘米，5 裂，裂片宽卵形至椭圆形；雄蕊 4，与花冠近等长，花丝被柔毛，花柱与雄蕊近等长，柱头头状。瘦果倒卵球形，具稀疏白柔毛或无毛，宿萼不等 5 裂，具有明显的网状脉。花期 6 ～ 8 月，果期 8 ～ 9 月。靠蜜蜂、蝴蝶或蚂蚁进行传粉。

◆ **用途**

甘松干燥的根及根状茎能入药，具有安神、止痛、降压、抗菌之功效。甘松含有挥发油——甘松油，是香料工业的主要原料之一。

胡 椒

胡椒是胡椒科胡椒属多年生木质藤本植物。

◆ **栽培史**

胡椒为重要的香辛作物。原产印度，后传入爪哇、马来西亚、斯里兰卡，现世界上有近 20 个国家栽培。主产地为印度、印度尼西亚和马来西亚。中国于 1951 年和 1954 年多次由马来西亚和印度尼西亚等地引入海南试种，并开始有较大面积栽培。1956 年后，广东、云南、广西、福建等地陆续试种。主产地为海南和广东湛江。

◆ **形态特征**

胡椒茎攀缘生长，长可达 7 ～ 10 米，节膨大而有吸根。穗状花序，单核浆果，球形，成熟时红色。种子黄白色。

◆ **生长习性**

胡椒生长期要求气温较高。世界胡椒产区年平均气温为 25 ～ 27℃，但在中国年平均温度为 19.5 ～ 26℃ 的地区，也能正常开花结果实。年降水量要求 1500 ～ 2400 毫米，分布均匀。枝蔓纤弱，以静风环境为宜。一龄生胡椒需轻度荫蔽，结果期要求光照充足。排水良好、土层深厚、土质疏松、pH 为 5.5 ～ 7.0 的土壤利于生长。幼龄期以施氮肥为主，结果期要加施钾肥。经济寿命 20 ～ 30 年。

◆ **繁殖方式**

胡椒一般用插条繁殖。从 1 ～ 3 年生的植株切取插条，培育约 20 天长出新根后便可定植（斜植）。

◆ **栽培管理**

胡椒株行距 2 米 ×2 米左右。植后遮阴。幼苗长出主蔓后，将主蔓缚在高约 2 米的支柱上。苗高 1.2 米时进行第一次剪蔓，以后剪 3 ～ 4 次，最后保留 4 ～ 6 条蔓，使之发育成圆筒状株型。株高一般控制在 2.5 米左右。幼龄植株以施氮肥为主，结果植株要加施钾肥。雨季注意排水、盖草、培土。危害最大的是胡椒瘟病，发病初期可用化学药剂控制蔓延；此外还有细菌性叶斑病、花叶病（病毒病）和根病等。害虫有根瘤线虫、介壳虫类、蚜虫等，可用有机磷杀虫剂防治。

胡椒

◆ **采收加工**

胡椒种后 3 ～ 4 年便有收获。从开花到果实成熟需 9 ～ 10 个月，秋花的果实在5～7月收获（海南产区），春花的果实在1～2月收获（广东湛江产区）。果实变黄、每穗果实有3～5粒转红时即为最佳采收时期。种子含胡椒碱5%～9%，挥发油1%～2.5%，在食品工业中用作调味料、防腐剂，医学上用作健胃、利尿剂。果穗收获后直接晒干脱粒者为黑胡椒，制成率33%～36%；收后在流水中浸泡7～10天，果皮、果肉全部腐烂后洗净晒干者为白胡椒，制成率为25%～27%。

佛　手

佛手是芸香科柑橘属常绿灌木或小乔木。又称佛手柑、五指橘、蜜罗柑、五指柑。以其干燥果实入药，药材名佛手。

◆ 分布

佛手在中国长江以南各地有栽种，南方各地区多栽培于庭院或果园中，其中安徽、广西、云南、福建等地区均有栽培。

◆ 形态特征

佛手株高1～2米。新生嫩枝、芽及花蕾暗紫红色，茎枝多刺，刺长达4厘米。单叶，稀兼有单身复叶，则有关节，但无翼叶；叶柄短，叶片椭圆形或卵状椭圆形，长6～12厘米，宽3～6厘米，或有更大，顶部圆或钝，稀短尖，叶缘有浅钝裂齿。总状花序有花达12朵，有时兼有腋生单花；花两性，有单性花趋向，则雌蕊退化；花瓣5片，长1.5～2厘米；雄蕊30～50枚；花柱粗长，柱头头状。子房在花柱脱落后即行分裂，在果的发育过程中成为手指状肉条。果实重可达2千克，果皮淡黄色，粗糙，果皮甚厚，难剥离，内皮白色或略淡黄色，棉质，松软，瓢囊 10 ～ 15 瓣，果肉无色，近于透明或淡乳黄色，爽脆，味酸或略甜，有香气。种子小，平滑，子叶乳白色，多或单胚。通常无种子。花期 4 ～ 5 月。果期 10 ～ 11 月。

◆ **生长习性**

佛手为热带、亚热带植物。喜温暖湿润、阳光充足的环境，不耐严寒、怕冰霜及干旱，耐阴，耐瘠，耐涝。以雨量充足．冬季无冰冻的地区栽培为宜。最适生长温度 22 ～ 24℃，越冬温度 5℃ 以上，年降水量以 1000 ～ 1200 毫米为宜，年日照时数 1200 ～ 1800 小时为宜。适合在土层深厚、疏松肥沃、富含腐殖质、排水良好的酸性壤土、沙壤土或黏壤土中生长。广东多种植在海拔 300 ～ 500 米的丘陵平原开阔地带，而在云南、四川则多分布于海拔 400 ～ 1000 米的丘陵地带。

◆ **繁殖方法**

佛手主要以扦插繁殖和嫁接繁殖为主，也可高压繁殖。

扦插繁殖

插条准备。佛手扦插前应选 7 ～ 8 年生健壮的母树，剪去生长旺盛，无病虫害的老健枝条，剪除叶片及顶端嫩梢，截成长 17 ～ 20 厘米的插条，扦插的成活率在 90% 以上，苗木生长也很健壮。

整地扦插。苗床最好选择土壤较厚的沙土，以便将来取苗。地选好后，深耕耙细，施人畜粪水，做成宽 1.3 米的高畦，畦沟宽约 30 厘米，深约 20 厘米。春季 2 ～ 3 月及秋季 8 ～ 9 月均可扦插，以秋季扦插最好。秋季扦插当年就可长根，第 2 年春季发芽后生长迅速；扦插时在畦上开横沟，沟距 23 ～ 27 厘米；按株距 15 ～ 17 厘米将插条插入沟中，切不可插倒。通常每亩约需插条 1.2 万～ 1.5 万根。扦插后覆土压实，使先端 1 个芽苞露出土面，土干要淋水。

苗期管理。佛手扦插后要随时浇水灌溉；并要搭棚遮阴，雨水多时要做好排水工作。苗高 7 ～ 10 厘米时，将丛生的弱苗除去，每株只留壮苗 1 根。及时除草，追施清淡人畜粪水或硫酸铵 3 ～ 4 次，培育 1 年即可移栽。

嫁接繁殖

在春秋两季进行。用香橼或柠檬作砧木较好。砧木一般用扦插或播种繁殖。嫁接方法有：①靠接法。8 ～ 9 月上旬进行，砧木选茎部直径 2 ～ 3 厘米，根系发达，生长健壮的 4 ～ 5 年生的植株，在茎基部分枝的下面切去分枝，仅留 1 个分枝，切去分枝部位一边，向下削去一些皮层，然后选上一年春季或秋季发生的枝条作接穗，粗细和砧木相似，长 5 ～ 7 厘米，在接穗下部的一边亦削去下面的部分皮层，再将砧木的切面靠在接穗的切面上，使两面密合，中部用塑料薄膜缚紧，约 1 周后即能愈合。②切腹接法。在 3 月中上旬将砧木在地面以上 5 ～ 7 厘米处剪平，用嫁接刀削光，选光滑部分稍带木质处作斜切面，深 1 ～ 1.5 厘米。接穗要留 2 ～ 3 个芽，并将下端削成 1 ～ 1.5 厘米长的楔形，然后将砧木切口一边与接穗切皮对直，紧密地插入砧木的切口内，用塑料薄膜捆扎，一般半个月后就愈合并抽芽出长。这时需松土除草。45 ～ 60 天后，开始抽梢，此时须将包扎物除去。

◆ 栽培管理

选地与整地

土地最好选择土壤较厚的沙土,以便将来取苗。将地深耕耙细,施人畜粪水,做成宽 1.3 米的高畦,畦沟宽约 30 厘米,深约 20 厘米。佛手开花期,可将多余花和雄花打下去,每短枝只留 1 ~ 2 朵。或待结出幼果时,再摘去更为保险。冬季清除落叶、残枝。生长期随时摘除严重的病叶,集中深埋或烧毁,以免病菌的再次侵染。地栽佛手园四周开深沟、降低地下水位,保持适宜的土壤湿度,增强土壤的通透性。叶面喷氮、磷、钾肥及微肥和绿芬威,始花期和盛花期喷施硼砂,提高叶片的寿命和光合能力,促进枝条成熟和养分积累,增强植株抗性,增加产量。

田间管理

疏花。惊蛰前后开花,每序花选留 2 ~ 3 朵健壮的雌花,其余摘掉。在保果技术上,一般要求 1 枝留 1 ~ 2 个果为佳,多了要摘除。

除草。进入结果期用手拔除植株周围的杂草,不要用锄头,以免伤根。佛手种后 5 年每年要培土 1 次,在剪枝清园后进行,培土后盖 1 层薄草于树盘。

施肥。佛手施肥应根据树龄大小、生长情况而定。一般前 3 年在 3 ~ 8 月,每月宜施 1 次速效有机肥;进入盛果期后 1 年可追肥 3 次,分别在花前、幼果期和采果后及时施入麸饼、堆肥、人畜粪尿并加入磷钾肥或复合肥,尤其要注意施好冬肥。

培土。一项重要的高产技术措施。目的是盖住珠芽和杂草,并有利于佛手的保墒和田间的排水。

病虫害防治

溃疡病。叶片发病时，开始在叶背出现黄色或暗黄绿色针头大小的油浸状斑点，逐渐扩大为正、背两面隆起的米黄色至暗黄色近圆形病斑，以后病斑表皮破裂呈海绵状，隆起更显著，表面粗糙呈木栓化，灰白色或暗褐色，中央稍凹陷。防治方法：①农业措施。加强栽培管理，合理施肥，适当修剪、抹芽和加强对潜叶蛾等害虫的防治工作等。冬季清园，剪除病枝、病叶，并将园内的落叶、落果及枯枝一并清理，集中烧毁或深埋，以减少越冬病原菌。②药剂防治。可在每次新梢长 2 ～ 3 厘米和叶片转绿时各喷 1 次药，以保护新梢。保果时可在谢花后 10 天左右开始喷施。

黄龙病。发病时，出现"黄梢"和叶片的斑驳型黄化，常提前着花，落果严重。防治措施：采取以减少或消灭病源和防止媒介昆虫的综合防治措施。采取在隔离条件下种无病苗和防治虫媒的综合措施，可以收到良好的防治效果。

◆ 采收加工

从 7 月下旬起，果实陆续成熟，当果皮由绿色变为浅黄绿色时即可采收。选择晴天分批采摘，至冬季采完。用剪刀剪下，勿伤枝条。采回果实后，用刀顺切成 0.5 厘米左右的薄片，逐片摊于竹席或干净水泥晒场上晒干。如遇阴雨，用低温烘炕。

◆ 用途

药材佛手味辛、苦、酸，性温。归肝、脾、胃、肺经。疏肝理气，和胃止痛，燥湿化痰。已证明佛手中含有的挥发油是一类具有生理活性的物质，在临床上有多方面的医疗作用。用于肝胃气滞，胸胁胀痛，胃脘痞满，食少呕吐，咳嗽痰多。佛手多糖具有一定的免疫和抗肿瘤的作用。佛手中的药用成分橙皮苷具有维持血管正常渗透压、降低血管脆性、缩短出凝血时间的作用。在临床上用多种橙皮苷制剂如橙皮苷片、橙皮苷维生素 C 片、复方橙皮苷胶囊治疗或预防高血压及血管硬化所引起的视网膜出血、糖尿

佛手果实

病性视网膜炎、冠心病、月经过多、血友病、遗传性毛细血管扩张症等，以降低毛细血管脆性，报道均有一定疗效。橙皮苷复合剂也用于类风湿性关节炎和风湿热。佛手醇提取液具有明显镇咳、平喘、祛痰作用和提高抗应激能力。

花 椒

花椒是芸香科花椒属植物。

◆ 分布与种类

俗称的花椒是芸香科花椒属可作调味品食用的几种植物及其果实的统称，也是中国重要的食品调味香料。该属约有 250 个种，分布于东亚

和北美洲。中国有 45 种，其中作为调味品食用的主要有花椒、川陕花椒、青花椒、竹叶花椒和野花椒等。

◆ 花椒

花椒又名秦椒、红花椒、川椒等，是重要的花椒栽培种，分布于中国辽宁南部、华北、陕西、甘肃东部，南至长江流域各地，西至四川，西南至云南、贵州、西藏东南部，其中四川西部、陕西南部、山东中南部等为主要产区。该种为重要食品调味香料，也是油料树种，果皮含芳香油，可提取香精。种子含油量 25% ～ 30%，出油率 22% ～ 25%，椒油有涩味，处理后可食用或作工业用油。种子、果皮可入药。该种在中国栽培已有 2000 余年历史，各地均有优良栽培品种。如四川的汉源花椒、陕西的凤椒、山西的小椒等。花椒不耐低温，在土层浅薄、温差大的地方易受冻害。耐干旱，但在开花坐果时如遇早春的"倒春寒"，则落花落果严重，叶片萎蔫。不抗风，不能在风口栽植。不耐涝，短期积水或洪水冲淤都能导致死亡。在微酸性、中性和微碱性土壤中都能生长，以

花椒

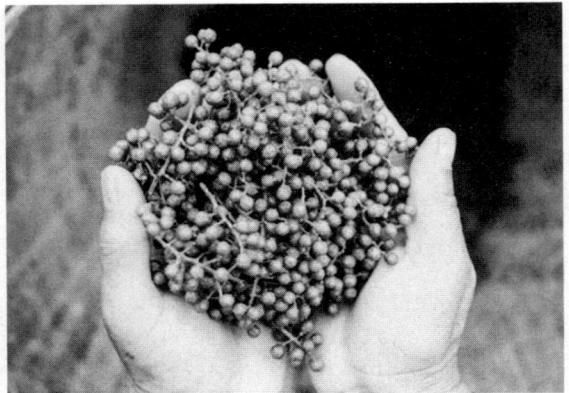

采收到的花椒果实

在疏松钙质土壤中生长最好，在排水不良的黏土和干旱贫瘠沙土地中生长不良。喜光，不耐庇荫。萌芽性强，耐修剪，剪口以下能萌发新枝。根系发达。生长快，1 年生苗高约 1 米，栽后 2 ～ 3 年少量结果，4 ～ 5 年大量结果，可延续 15 ～ 20 年。生长寿命 30 ～ 40 年，衰老后可采用伐后萌芽更新。

◆ 川陕花椒

花椒又名山花椒。产于中国甘肃南部、陕西南部、四川北部；生于海拔 2000 ～ 2500 米的山区。喜光，耐干旱瘠薄土壤。果可作香料及调料。

◆ 青花椒

花椒又名青椒、崖椒、狗椒、野椒、山花椒、香椒子。灌木，果暗紫绿色，径 4 ～ 5 毫米，具芒状尖头。产于中国辽宁南部，产地南至广东北部、广西北部，东至台湾，西南至贵州，在四川有规模化栽培。喜光，耐干旱贫瘠土壤。幼果晒干后呈苍青色或灰黄色，故名"青椒"。根连同叶可入药，有发汗、驱寒、止咳、健胃、消食等功效；又可作蛇药及驱蛔虫药。果可代花椒作调料。种子的水浸液可治蚜虫和水稻螟虫。

◆ 竹叶花椒

花椒又名竹叶椒、山花椒、狗花椒、野花椒、藤椒。产于秦岭、淮河流域以南，南至海南，东至台湾，西南至四川、云南、西藏东南部。在中国四川和重庆有规模化栽培。生于低山丘陵，西南海拔达 2200 米的山区。果可代花椒，供作调味香料。枝叶供药用，有驱虫、镇痛的效果。

◆ 野花椒

花椒又名黄椒、刺椒、大花椒、香椒、刺花椒。产于中国黄河流域至长江流域，多生于低山、丘陵、平原灌丛中或次生疏林内。喜光，耐干旱瘠薄土壤。果作花椒代用品。枝叶及根皮入药，可镇痛。

九里香

九里香是芸香科九里香属常绿灌木或小乔木。又称石辣椒、九秋香、九树香、七里香、千里香、万里香、过山香、黄金桂、山黄皮、千只眼、月橘。

◆ 分布

九里香产于中国台湾、福建、广东、海南、广西等地南部。常见于离海岸不远的平地、缓坡、小丘的灌木丛中。

◆ 形态特征

九里香高可达8米。枝白灰或淡黄灰色，但当年生枝绿色。叶有小叶3、5或7片，小叶倒卵形或倒卵状椭圆形，两侧常不对称，长1～6厘米，宽0.5～3厘米。花序通常顶生，或顶生兼腋生，花多朵聚成伞状，为短缩的圆锥状聚伞花序。花白色，芳香。果橙黄至朱红色，阔卵形或

九里香的花

九里香的果实

椭圆形,果肉有黏胶质液。种子有短的棉质毛。花期 4 ～ 8 月,也有秋后开花的;果期 9 ～ 12 月。

◆ **栽培管理**

九里香以种子繁殖为主,也可压条或嫁接繁殖。喜温暖,最适宜生长的温度为 20 ～ 32℃,不耐寒。是阳性树种,置于阳光充足、空气流通的地方才能叶茂花繁且香。对土壤要求不严,宜选用含腐殖质丰富、疏松、肥沃的砂质土壤。

◆ **用途**

九里香株姿优美,枝叶秀丽,花香浓郁,中国南部地区多用作围篱材料,或作花圃及宾馆的点缀品,亦作盆景材料。

柑 橘

柑橘是芸香科柑橘亚科下 6 个属的常绿果树。

恩格勒－斯文格尔系统将柑橘分为亚洲系统的柑橘属、金柑属和枳属,以及澳洲系统的澳沙檬属、多蕊橘属和澳指檬属。通常栽培的品种均属于亚洲系统的 3 个属。

◆ **起源**

对柑橘原产地,早期学者意见并不统一。瑞士植物学家 A.P.de 康多尔认为柑橘原产于中国,美国园艺学家 W.T. 斯温格尔则认为原产于东南亚、澳大利亚、新西兰一带,也有学者认为柑橘原产于印度。中国云南、四川、湖南、广西等地 20 世纪均发现成片的野生柑橘林。其中,在湖南道县发现的道县野橘被认为是柑橘亚属的野生祖先。中国西部高原特别是云贵高原既有柑橘类的原生植物，如在云南南部海拔 800 ~ 2000 米山区发现红河大翼橙百年老树，也有宜昌橙和香橙的野生种，还有野生柚、枸橼、檬檬，以及近缘属的枳和金柑等。经过考证，公认原产于中国的柑橘植物有宽皮柑橘区中的柑组和橘组，金柑、枸橼和宜昌橙等；公认中国为原产地之一的柑橘种类有柚、甜橙、酸橙等。世界上主要栽培的柑橘种类，除柠檬原产于印度外，其余的原产地或原产地之一均为中国。

◆ 分布

全世界有 138 个国家和地区生产柑橘，主要分布在亚洲、美洲、非洲和欧洲，产量处于前十位的主产国为中国、巴西、印度、美国、墨西哥、西班牙、埃及、尼日利亚、土耳其和阿根廷。中国有 4000 多年的柑橘栽培历史，《禹贡》《周礼·冬官考工记》《吕氏春秋》中都有记载。

中国柑橘广泛分布于北纬 16° ~ 37° 的地区，海拔最高达 2600 米（四川巴塘），南至海南省三亚市，北至陕西、甘肃、河南，东起台湾，西达西藏的雅鲁藏布江河谷，但中国柑橘的经济栽培区主要集中在北纬 20° ~ 33°，大多在海拔 500 米以下。已形成长江上中游甜橙带、赣南湘南桂北脐橙带、浙南闽西粤东宽皮柑橘带、鄂西湘西宽皮柑橘带及特色优势柑橘基地等"两横两纵五点"格局的柑橘优势区域产业布局，优势区域产量占全国产量 90% 以上。全国有 20 个省、自治区、直辖市的 980 多个县、市、区种植柑橘，其中主产地包括广西、广东、湖南、湖北、江西、四川、福建、重庆、浙江和台湾等地，其次为云南、陕西、贵州、上海、海南等地，河南、江苏、安徽、甘肃和西藏等地也有零星种植。

◆ **种质资源**

柑橘种类甚多，中国在柑橘分类方面早有建树，战国时期即知橘、香橙、枳等属于同一类果树。近代柑橘分类大致形成了斯温格尔系统、田中系统和曾勉系统。现代分类还融入核酸等分子特征和数字化信息等。经过长期栽培和品种选育，柑橘栽培种类及品系繁多，中国、法国、美国等国家建立了保存有超过1000个种类的柑橘种质资源圃；中国还离体保存有100余份柑橘种质资源的胚性愈伤组织库。

柑橘种间易于杂交，杂柑类主栽品种主要有默科特橘橙、诺瓦橘柚、沃柑、贡柑、金秋砂糖橘等。柑橘细胞工程技术日趋成熟，成功创制了雄性不育胞质杂种新品种华柚2号和一批三倍体无核新品种。甜橙、柚、克里曼丁橘等柑橘类型的全基因组序列信息已发布，为基因组辅助育种等奠定了基础。

◆ **形态特征**

柑橘根系的主要功能是固定植株，吸收水分和矿质营养。与其他植物不同的是，柑橘根系的根毛稀少甚至缺失，主要依靠菌根吸收水分和养分。柑橘根系在13℃左右开始生长，最适宜生长温度范围为25～28℃，生长与枝梢交错。柑橘根系水平分布可达树冠的2～3倍以上，垂直分布则取决于土壤条件和砧木种类，大多数须根分布在地下20～50厘米范围。

柑橘没有顶芽，只有腋芽，存在顶芽自枯现象，即枝条生长到一定时期后，先端停止生长，近顶端1～4节处发生自动脱落，称为"自剪"。因柑橘无顶芽，顶端优势削弱，下部多个腋芽代替其生长，所以柑橘丛生性强。柑橘芽为裸芽，芽外无厚鳞片，由几片不发达的芽鳞包裹；芽鳞具绒毛，组织粗糙，油胞粗大。柑橘枝梢由于顶芽自枯现象，呈假合轴分枝。枝条大多带刺，以原始种、实生树和徒长枝上较多。柑橘一年多次发梢，按发生时期不同，可分为春梢、夏梢、秋梢、冬梢。按枝梢一年中是否继续生长、抽枝，可分为一次梢、二次梢、三次梢等。

柑橘中除枳叶片为三出复叶外，金柑属和柑橘属的叶片均为单身复叶，由本叶、翼叶和叶柄组成。红河橙、宜昌橙翼叶极大，几乎等于本叶大小，有时超过本叶。柚类、橙类、宽皮柑橘类次之，金柑较小，枸橼类如柠檬几乎无翼叶。柑橘类叶片大多数无毛，柚类叶片较大，橘类较小。叶片均具有透明油胞点，内含挥发性芳香油，可作为提取精油的材料。

柑橘属的花着生于叶腋，呈单生或伞房状总状花序，金柑属、枳属等一般为单花或少数丛生于叶腋。柑橘花为完全花，由花萼、花瓣、雄蕊、雌蕊和蜜盘组成。一般有花瓣4～8枚，花萼4～5浅裂，宿存。花瓣有光泽或呈蜡质状，可看见油胞。雄蕊数目一般为花瓣数的4倍，为20～40枚，花丝白色，花药黄色有4隔，每隔具腔室，内有花粉母细胞。柑橘的花有蜜盘（蜜腺），呈盘状，分泌蜜汁。柑橘果实为柑果，由子房发育而成。外果皮富含油胞，又称油胞层，由子房外壁发育而成；中果皮（白皮层）由子房中壁发育而成；子房内壁发育成囊瓣，内含汁

各种柑橘果实

胞和种子；果实中心有白色的中心柱。柑橘中不同品种果皮厚度差异较大，柚、枸橼类果皮较厚，可达 2 ～ 3 厘米，枸橼中佛手果皮最厚，几乎无果肉。柑橘果实一般在幼果时呈绿色，成熟时变为黄色、橙色或橙红色，色泽鲜艳。柑橘果肉由若干囊瓣组成，金柑属一般为 3 ～ 7 瓣，枳常为 6 ～ 8 瓣，柑橘属 8 ～ 14 瓣。

◆ **主要类型**

生产栽培上的柑橘主要涉及枳属、金柑属和柑橘属 3 个属。枳属主要作砧木，果小且酸，不能食用；金柑属果实最小，果皮果肉皆可食；大部分栽培种类和品种都属于柑橘属。

枳属

落叶灌木或小乔木，三出复叶，花单生。果小，果实酸苦，不能食用。子房密被绒毛，6 ～ 8 心室，子叶乳白色。枳属有一个种，即枳，抗寒性强，制干后可药用，主要用作砧木，世界各地均有引种利用。还有一个变种，即飞龙枳，是一种有发展前途的柑橘矮化砧。

金柑属

常绿灌木或小乔木，树冠较小，枝条有刺。单身复叶，叶脉不明显。花小，一年开花多次，花单生或丛生。果小，果皮肉质化，可做蜜饯。

子房不被绒毛，3～7心室，子叶和胚为绿色。金柑属有5个种，即山金柑、罗浮金柑、圆金柑、金弹、长叶金柑，杂种有长寿金柑和四季橘等。

柑橘属

常绿乔木或灌木，种类繁多，品种复杂。单身复叶，叶脉明显，翼叶和叶身连接处有关节。花白色或紫色，具芳香气味。果实为柑果，果大，果皮革质，油胞富含精油，果肉由汁胞构成，称囊。子房一般不被绒毛，8～14心室。

柑橘属中具有经济栽培价值的品种主要有甜橙、宽皮柑橘、柚、葡萄柚和柠檬。①甜橙。世界上栽培最广的柑橘品种类群，按品种特性可分为普通甜橙类、脐橙类、血橙类和无酸甜橙类。其中，脐橙类、血橙类和无酸甜橙类是普通甜橙的体细胞变异后代。②宽皮柑橘。世界上最古老的食用栽培柑橘品种类群，栽培品种很多，主栽类型有温州蜜柑、椪柑、砂糖橘、南丰蜜橘、本地早橘、克里曼丁橘等。③柚。果实巨大，皮厚，单胚，自交不亲和性现象普遍，主栽品种有琯溪蜜柚、沙田柚、晚白柚、马家柚等。④葡萄柚。甜橙和柚的天然杂种，果实大小介于两者之间，果肉多汁，主栽品种有马叙葡萄柚和邓肯葡萄柚等。⑤柠檬。柠檬的嫩梢和花蕾均带紫色，果实含酸量高，主要用作加工制汁、提取精油及烹饪，主栽品种有尤利克柠檬、里斯本柠檬等。

◆ 栽培管理

柑橘是好温喜湿的热带常绿树种，栽培时的技术问题包括优选砧木品种、培育脱毒苗、建园与种植、科学施肥、修剪与整形、促花方法与保果措施等。

优选砧木品种

柑橘砧木品种对土壤适应性及其与接穗品种亲和性存在差异，砧木可影响接穗品种的果实大小与品质、树体大小及抗逆性等园艺性状。因此，首先应选择适应当地土壤条件并与当地栽培品种亲和的砧木品种，如香橙和枸头橙分别适宜偏碱性的紫色土和盐碱地，红檬檬、枳、红橘、酸橘等适宜红黄壤区域的砂糖橘、贡柑等，其中枳尤其适宜于大多数栽培品种。

培育脱毒苗

柑橘系统侵染性病害及检疫性病害较多，且多经接穗嫁接传播与种苗远距离传播，消毒砧木种子、培育脱毒苗就非常重要。砧木种子消毒：用纱网袋将砧木种子装好，置于 50～52℃ 热水浸 5～6 分钟，再转入 55±0.3℃ 热水中处理 50 分钟，取出晾干播种，来自溃疡病疫区的还需经农用链霉素处理。建立脱毒苗圃应选择与柑橘果园有 2 千米距离、隔离条件较好、环境开阔、交通条件较好的地方，推广应用容器苗。出圃健壮苗木应具备：主干高 25 厘米，径粗约 1.0 厘米，有分布均匀的 3 条一级主枝，6～9 条二级分枝；叶片浓绿，略呈龟背形；主根长约 20 厘米，侧根均匀，须根发达，且不带检疫性病害。

建园与种植

选择土层较深厚肥沃，灌水条件较好的平地或坡地建园，规划好道路、水源、防护林、拦洪环山沟、纵横排水沟，开宽 1 米，深

80～100 厘米的撩壕沟或大植穴，每立方米分 3～4 层压埋绿肥、厩肥等有机肥 100～150 千克、石灰 2～3 千克、磷肥 0.5～1 千克、麸粉 0.5 千克作基肥。以后随树冠逐年增长，根系扩展，扩穴改土，每年压埋绿肥或有机肥 50～100 千克 / 米³，每株加施石灰 0.5～1 千克、磷肥 0.5～1 千克。水田和围田柑橘园地下水位高，须搞好园区三级排灌工程，起土墩种植，加深排水沟，降低水位，保证有 80 厘米土层，使常年水位稳定，不受水浸。种植密植要充分利用果园的阳光、空间和地力，采取宽行窄株、带状排列种植，以便于耕作管理。

科学施肥

有条件的可建立水肥一体设施，并进行测土配方施肥；没有条件的则需勤施薄施肥，幼树每次抽芽前 2 周施一次肥，抽梢后 7～10 天视芽势再施一次肥。氮、磷、钾与微量元素合理配合。结果期，上半年宜控制氮肥使用，调整为低氮至中氮、高钾、中磷，以利坐果和抑制夏梢抽吐。在抽秋梢前及果实迅速增大阶段，应为高氮、高钾、中磷，以保证秋梢生长充实、果实正常发育，以及满足花芽分化和树体越冬等方面需求。

修剪与整形

柑橘幼年树一年可长梢 4 次以上，结果树后期一年可长梢 2 次以上。幼年树修剪重点是整形，少剪枝以扩大树冠，提早结果；结果树以培养秋梢为重，控制夏梢生长；老树一般只生长 1～2 次梢，即春梢或秋梢，要有足够数量和较好质量的枝梢才能保证产量。生产上统一放梢，柑橘的芽是复芽，将先萌吐的芽抹除后，还可萌吐出更多的芽，待绝大多数树的芽都萌吐整齐，再选择时机一起放梢，这样枝梢生长较为一致，易于做好新梢病虫害防治工作。

促花方法

柑橘树开花相对较容易，生长旺盛的柑橘树成花较难，生产最有效、最经济简便的技术是在 12 月上中旬花芽生理分化期环割主干或主枝一圈，提高割线以上 结果母枝生长点的细胞液浓度，促进生长点叶原基向花芽方向转化。环割 15 ～ 20 天后，如叶片开始褪色，即达到预期促花效果。也可通过控水法促花，即从 11 月上旬起不再灌水，至叶片中午呈微卷状态维持 40 天左右，也可达到促花要求。促花剂如 2000 毫克 / 升多效唑等也可提高柑橘成花率。幼年柑橘树营养生长很旺，若控制不好，往往春梢生长过旺，夏梢抽吐早而多，会加剧梢果矛盾，造成过度的落花落果，降低坐果率。

保果措施

提高坐果率的措施包括：①花量中等或偏少的壮旺幼树均进行环割保果，提早在谢花后用小刀环割主干或主枝一圈，深度为仅切断皮层。花量中等树，在第一次生理落果完成后环割主干或主枝一圈。②喷激素与根外追肥保果。③抹除夏芽。幼年树夏梢生长较旺，长至 3 ～ 5 厘米便及时抹除，每隔 3 ～ 4 天抹除一次，反复进行，直至定果期为止。喷多效唑对抑制夏梢生长也有一定效果，但会影响果实长大，而且喷射过早还会导致果量过大，果实偏小。

病虫害防治

柑橘病虫害较多，以推广绿色综合防治技术为方向，结合人工防治、生物防治、化学防治等措施，依据病虫害经济防治指标，选用经济、高效、低毒的矿物性、植物性等农药，根据病虫害预测预报等办法适时防治。在遭遇柑橘黄龙病等病害时，依赖于集中连片对柑橘木虱开展化学防治，同时砍除病树和使用脱毒苗。

◆ 采收与贮藏

采果是柑橘生产的最后环节，又是商品化处理的最初环节。采收期与果实的产量和质量密切相关，采收质量直接影响果实的耐贮性和抗病性。一般果皮有 70%～80% 转变为固有色泽时即宜采收。此外，可根据果汁糖酸比率、果梗上的离层发生、果实大小等决定。采收应在晴天上午露水干后进行。凡遇下雨、落雪、打霜的天气，以及树上水分未干或刮大风时，均不宜采果。采收用的果剪必须是圆头，刀口锋利，以免刺伤果实。果篓以能装 10 千克左右为宜，容器内壁要柔软、光滑，以减少果皮的碰伤。采果时应由下而上、由外到内，用采果剪"一果两剪"（第一剪在果柄 3～4 毫米处剪断，第二剪则齐果蒂把果柄剪去）。

从田间采收的柑橘果实仅仅是农产品原料，必须进行商品化处理。商品化处理后，可以改善产品的外观品质，提高产品的商品性，减少腐烂，延长货架期，提高经济效益。果实商品化处理包括防腐保鲜、预贮、洗果、涂蜡、分级、包装等一系列过程。①防腐保鲜。果实采后常须选用高效、低毒、安全的化学防腐保鲜剂进行处理，以减少损失。防腐保鲜剂需经卫生部门批准，严格按规定剂量使用。②预贮。为降低果实在贮藏中的枯水与腐烂，果实需经预冷、愈伤、催汗（软化）处理。从田间进入包装场的果实温度较高，呼吸和蒸腾作用旺盛，要及时散热，使果温降低，延长贮藏期。预贮室宜选通风良好、干燥、不受阳光直射、温度较低而稳定的空间。③洗果。利用清洁剂进行洗果，可除去果面的各种污物，使果面清洁美观，减少病原。多用机械洗果，利用传送带将果实送入，通过机械将洗涤液（如1%～2%碳酸氢钠或1.5%碳酸钠溶液）喷至果面，通过一排转动的毛刷将果面洗净，然后经过清水冲淋，用干海绵吸干果面水分，通过烘干装置将果面水分烘干。④涂蜡。经过洗涤的果实清洁度提高，但是果面固有的蜡质层有所破坏，在贮运过程中容易失水萎蔫，所以须涂符合食品添加剂标准的蜡液，以恢复表面蜡被。涂蜡后能抑制果实内部酶活性，减慢代谢进程，延缓成熟衰老，同时能增加果面光泽。⑤分级。多用光电选果系统，严格按照国家规定的内外销标准进行分级，使果实规格、品质一致，便于包装、贮运和销售，实现柑橘生产、销售的标准化。⑥包装。通过包装可减少果实在运输、贮藏和销售过程中因互相摩擦、挤压、碰撞等原因造成的损失，减少病害传染，减少水分蒸发，延长货架期和贮藏寿命，提高商品价值。多用瓦楞纸箱或钙塑箱包装，大小整齐，既能提高库容利用率，也便于运输和贮存，容量一般为10～20千克。使用纸箱时，应在箱两侧及箱顶留有一定的通气孔，以利通风换气。装箱完毕应分组堆放，以便在包装箱上做标记，印上果实的品名、组别、重量、包装日期等。

◆　加工产品

柑橘加工是通过一定工序和方式将柑橘的果肉或非可食部分转变为目标需求的过程。柑橘果实适合综合加工利用，从果皮、果肉到种子，各部分均含有丰富的营养和经济价值较高的食品、医药和化工等原料成分，通常可加工成：①果汁。以果实为原料经过物理方法如压榨、离心、萃取等得到的汁液产品。汁用果要求出汁率高、可溶性固形物高、果汁色泽鲜艳芳香、风味浓郁、酸甜适中、无苦涩等异味、混浊度稳定、耐贮、不易变色变味等。以甜橙较为适宜。②罐头。将符合要求的果肉经过处理、调配、装罐、密封、杀菌、冷却，或经过无菌灌装，使其在常温下能够长期保存。做橘瓣罐头要求果实中等偏小、整齐，皮薄易剥、囊衣易脱、瓢瓣整齐、呈半圆形，组织紧密、不易松散，果肉色泽鲜艳、嫩而不软，原料损耗率低等。以温州蜜橘较为适宜。③果酱。把果肉、糖及酸度调节剂混合后，用超过 100℃ 温度熬制而成的凝胶物质，又称果子酱。④果脯。果肉经去皮、取核、糖水煮制、浸泡、烘干和整理包装等主要工序制成的食品，鲜亮透明，表面干燥，稍有黏性，含水量在 20% 以下。⑤果酒。利用果实的糖分经酵母菌发酵工艺制成含有水果风味与酒精的饮品。⑥果醋。利用现代生物技术将果实酿制成一种营养丰富、风味好的饮品。⑦香精油。柑橘含香精油的器官部分经过蒸馏或化学提取等工艺，提取香精油产品。要求品种含油率和出油率皆高，油质特别芳香，如柠檬、巴柑檬等。现代加工工艺较为成熟，均有系列加工机械产品，皮渣还可加工成饲料等。

◆ 用途

柑橘果实鲜食、加工兼宜，其皮络可作中药材，深加工提取物可作工业和医药原料；花具有浓郁芸香气味，是良好的蜜源，可熏制花茶；柑橘皮入药称陈皮，陈皮可制作陈皮茶；部分树种如金柑（金橘）等可作观赏树种。

柑橘果实不仅外观色泽鲜艳，而且营养丰富，甜酸适口。据测定，每 100 克柑橘新鲜果肉中约含碳水化合物 12 克、蛋白质 0.9 克、脂肪 0.1 克、钙 26 毫克、磷 15 毫克、铁 0.2 毫克、胡萝卜素 0.55 毫克，还含有维生素 C、维生素 B_1、维生素 B_2 等。柑橘果实中的类胡萝卜素和维生素 C 是重要的抗氧化剂，可以延缓人体衰老，增强人体免疫力。柑橘果汁每 100 毫升含维生素 C 40 毫克，柚可达 70 毫克。柑橘果实除可鲜食外，果肉还可用于榨汁（橙汁为主）或加工成罐头（橘瓣罐头为主），亦可从果皮中提取精油、果胶、黄酮等。此外，中医学认为柑橘果实具有很高的药用价值，陈皮可健脾理气、化痰止咳；橘络可通络消痰、顺气活血；青皮即

金橘树

橘幼果皮可疏肝破气，消积化滞。陈皮在中国广东江门一带被制成诸多食品，如陈皮茶、陈皮糕、陈皮醋、陈皮酒等，当地习惯用陈皮烹饪，是广东三宝之首。

金柑属中的金柑、金豆等因树形矮小，可用于庭院种植和盆栽，具有很高的观赏价值。枳属中的枳枝条多刺，在园林中多作绿篱或屏障树，既可隔离园地，又可观花赏果。

柑橘大多为常绿小乔木，四季常青，花香果艳，集赏花、观果、闻香于一体，对提高森林覆盖率、改善生态环境具有重要意义。由于橘与

"吉"谐音，因此有些地区还将柑橘作为一种传达美好祝愿的文化产品。

草豆蔻

草豆蔻是被子植物单子叶植物姜目姜科山姜属的一种。名出《雷公炮炙论》。

◆ 分布

草豆蔻为中国特有，主要产于广东、广西和海南。生于山地疏林或密林下，模式标本采自海南（以前称海南山姜）。

◆ 形态特征

草豆蔻多年生草本植物，具地下根状茎，地上茎发达，丛生，高可达3米。叶互生，由叶片、叶柄和包在茎上的叶鞘组成；叶片长条状椭圆形或披针形，长50～65厘米，宽6～9厘米，顶端有一短尖头，中脉两边不完全对称，叶边缘被毛；叶柄长1.5～2厘米；有叶舌。顶生总状花序，长达20厘米，花序轴被粗毛，多淡绿色；具有苞片和小苞片，小苞片壳状，乳白色，阔椭圆形，花后脱落；每朵花的小花梗很短；花被外轮似花萼，联合呈钟状，长2～2.5厘米，顶端具有不规则齿裂，一侧开裂；内轮似花冠，基部联合成不到1厘米长的管，顶部有裂片，边缘具缘毛；雄蕊无侧生退化雄蕊，中间2枚退化雄蕊形成的唇瓣三角状卵形，长3.5～4厘米，顶端微2裂，具彩色条纹；发育雄蕊1枚，花丝扁平，花药长1.2～1.5厘米；雌蕊3心皮合生，子房下位、被毛，胚珠多数，中轴胎座。蒴果球形，直径约3厘米，熟时金黄色，种子常

草豆蔻植株

草豆蔻的蒴果

聚在一起。花期 4 ～ 6 月，果期 5 ～ 8 月。

◆ **用途**

草豆蔻去掉果皮的种子团入药，具有燥湿行气、温中止呕之功效，可用于治疗寒湿内阻、脘腹胀满、冷痛、嗳气呕逆、不思饮食等症状。种子含挥发油、山姜素、豆蔻素等。

肉豆蔻

肉豆蔻是被子植物木兰类植物木兰目肉豆蔻科肉豆蔻属的一种。名出《开宝本草》。因其果实近圆球形，种子具肉质的假种皮而得名。

◆ **分布**

肉豆蔻原产于马鲁古群岛，热带地区广泛栽培。中国台湾、广东、云南等地有引种。

◆ **形态特征**

肉豆蔻常绿乔木，幼枝细长。单叶，近革质，互生，长椭圆形，先端短渐尖，基部宽楔形或近圆形，背面常粉绿色。花小，黄白色，雌雄异株；雄花序总状无花瓣，花被片 3 裂，稀 4 裂；雄蕊多数，花丝合生成雄蕊柱，花药细长；雌花序较雄花序为长；花被裂片 3，外面密被微绒毛，花梗长于雌花；小苞片着生在花被基部，脱落后残存通常为环形的疤痕；花柱极短，柱头先端 2 裂，子房上位，1 室，无柄，1 胚珠。果通常单生，肉质，2 瓣裂；种子有深红色假种皮，至基部撕裂，种皮坚硬。

◆ 用途

本种为热带著名的香料和药用植物，假种皮和种仁（即肉豆蔻）为著名香料，产地用假种皮捣碎加入凉菜或其他腌渍品中作为调味品食用。种子可入药，治虚泻冷痢、脘腹冷痛、呕吐等，外用可作寄生虫驱除剂，治疗风湿痛等；假种皮又称肉豆蔻衣，亦可入药；种子含固体油，可供工业用油。

肉豆蔻的种子   肉豆蔻的果实

第4章

香树植物

檀　香

檀香是被子植物真双子叶植物檀香目檀香科檀香属的一种。

◆ **分布**

檀香主要产于印度、印度尼西亚、澳大利亚，中国海南、广东、云南等地有分布。

◆ **形态特征**

檀香为常绿小乔木，高可达 10 米，具寄生根，为半寄生植物。枝圆柱状，淡灰褐色，具条纹，有多数皮孔和半圆形的叶痕；小枝细长，

檀香

药材檀香

淡绿色，节间稍肿大。叶对生，椭圆状卵形，膜质，顶端锐尖，基部楔形或阔楔形，边缘波状，稍外折，背面有白粉；叶柄细长，长 1～1.5 厘米。聚伞圆锥花序腋生或顶生；苞片 2 枚，微小，位于花序基部，钻状披针形，早落；总花梗长 2～5 厘米；花梗长 2～4 毫米，有细条纹；花被管钟状，淡绿色；花被 4 裂，裂片卵状三角形，内部初时呈绿黄色，后呈深棕红色，有 4 个蜜腺生于花被管中部；雄蕊 4 枚，与蜜腺互生；花盘裂片卵圆形；子房半下位；花柱 1，深红色，柱头浅 3（～4）裂。核果近球形，外果皮肉质多汁，成熟时深紫红色至紫黑色，内果皮具纵棱 3～4 条。种子圆形，光滑，有光泽。花期 5～6 月，果期 7～9 月。

檀香虽有根系，但自幼苗起其根必须寄生在适合的树种的根上，吸取寄主的氮和磷后才能正常生长。

◆ 用途

檀香茎部心材香气馥郁，质地坚实、纹理致密均匀、香味独特、防虫防腐，是制作精细工艺品和雕刻的优良材料，为商品檀香木的来源。心材碎材木屑是制作高品质的线香、盘香及熏衣物、随身佩带香囊的天然用料。茎和根蒸馏后可得芳香的檀香油，其主要成分为檀香脑（$C_{15}H_{24}O$），用于配制香水和做檀香皂的香料。心材亦为名贵的中药材，中医认为具有行气温中、开胃止痛的功效，临床可用于治疗冠心病、胆汁病、脘腹疼痛、胃痛、膀胱炎等疾病，可以消炎、抗菌、抗痉挛、镇咳、清热润肺、祛胃胀气、利尿、治疗皮肤病和止血崩。边材白色无香味。

肉　桂

肉桂是樟科樟属常绿乔木。又称玉桂、牡桂、菌桂。

◆ 分布

肉桂原产于中国，主要分布于广东、广西两地，之后福建、台湾、云南等地的热带及亚热带地区广为栽培，以广西栽培为多。亚洲印度、老挝、越南至印度尼西亚等地有分布，但大都为人工栽培。

◆ 形态特征

肉桂为中等大乔木，树皮灰褐色，老树皮厚达 13 毫米。一年生枝条为圆柱形，黑褐色，有纵向细条纹，略被短柔毛；当年生枝条多少四棱形，黄褐色，具纵向细条纹，密被灰黄色短绒毛。顶芽小，长约 3 毫米，芽鳞宽卵形，先端渐尖，密被灰黄色短绒毛。叶互生或近对生，长椭圆形至近披针形，先端稍急尖，基部急尖，革质，边缘软骨质，内卷；上面绿色、有光泽、无毛，下面淡绿色、晦暗、疏被黄色短绒毛。离基三出脉，侧脉近对生，自叶基 5 ～ 10 毫米处生出，稍弯向上伸至叶端下方渐消失，与中脉在上面凹陷，下面凸起；向叶缘一侧有多数支脉，支脉在叶缘内拱形联结，横脉波状，近平行，相距 3 ～ 4 毫米，上面不明显，下面凸起；支脉间由小脉连接，小脉在下面明显可见。叶柄粗壮，长 1.2 ～ 2 厘米，腹面平坦或下部略具槽，被黄色短绒毛。圆锥花序腋生或近顶生，三级分枝，分枝末端为 3 花的聚伞花序，总梗长约为花序长的一半，与各级序轴被黄色绒毛。花白色，花梗被黄褐色短绒毛。花被内外两面密被黄褐色短绒毛，花被筒倒锥形，长约 2 毫米，花被裂片卵状长圆形，近等大，先端钝或近锐尖。能育雄蕊9，花丝被柔毛，第一、二轮雄蕊长约2.3毫米，花丝扁平，上方1/3处变宽大，花药卵圆状长圆形，长约0.9毫米，先端截平，药室4，室均内向，上2室小得多；第三轮雄蕊长约2.7毫米，花丝扁平，上方1/3处有一对圆状肾形腺体，花药卵圆状长圆形，药室4，上2室较小，外侧向，下2室较大，外向；

肉桂的花

退化雄蕊3位于最内轮，连柄长约2毫米，柄纤细，扁平，被柔毛，先端箭头状正三角形。子房卵球形，长约1.7毫米，无毛，花柱纤细，与子房等长，柱头小，不明显。果椭圆形，长约1厘米，宽7～8（9）毫米，成熟时黑紫色，无毛；果托浅杯状，长4毫米，顶端宽达7毫米，边缘截平或略具齿裂。花期6～8月，果期10～12月。

◆ **生长习性**

肉桂属南亚热带、北热带常绿乔木，喜温暖，不耐严寒，适生年平均温度为20～26℃，年降水量为1600～2000毫米，多在海拔500米以下低山丘陵区种植。

◆ **用途**

肉桂属常用名贵中药材，既可药用，又是香料副食品。肉桂具有暖脾胃、除积冷、通血脉功效。肉桂油芳香，有健胃、祛风、杀菌的作用。桂皮粉在西方国家通常用来烤制面包、点心，腌制肉类食品。桂油主要成分除肉桂醛外，还含有苯甲醛、肉桂醇、丁香烯、香豆素等十多种成分，广泛用于饮料、食品的增香，医药配方，调和香精和高级化妆品。肉桂材质优良，结构细致，不易开裂，可制作高档家具。肉桂树形美观，常年浓荫，花果气味芳香，是一种优良的绿化树种。

瑞　香

瑞香是被子植物真双子叶植物锦葵目瑞香科瑞香属的一种。又称蓬莱花、风流树。名出《种树书》。

◆ 分布

瑞香原产于中国。分布于中国和中南半岛，日本有栽培。

◆ 形态特征

瑞香为常绿直立灌木。枝粗壮，通常二歧分枝，小枝圆柱形，紫红色或紫褐色，无毛。叶互生，纸质，长圆形或倒卵状椭圆形，长 7 ~ 13 厘米，先端钝尖，基部楔形，全缘，两面无毛，叶柄粗壮。花多朵，组成顶生头状花序。苞片披针形

瑞香

或卵状披针形。花萼筒状，长 0.6～1 厘米，无毛，外面白色至淡紫红色，内面白色或肉红色，裂片 4，心状卵形或卵状披针形。无花瓣。雄蕊 8 枚，2 轮，下轮雄蕊生于萼筒中部以上，上轮雄蕊的花药 1/2 伸出花萼筒的喉部。子房上位，长圆形，无毛，心皮 1，1 室，1 胚珠，花柱短，柱头头状。果红色。花期 3～5 月，果期 7～8 月。

◆ **用途**

各地公园或庭院栽培为观赏植物。根可药用，花可提取芳香油，茎皮纤维可作造纸原料。全株均有一定毒性。

白木香

白木香是瑞香科沉香属多年生乔木。以其含树脂的木材入药，药材名沉香。又称蜜香、栈香、沉水香、琼脂、莞香等。

◆ **分布**

白木香主要分布于海南、广东、广西、云南、福建等地区。在中国北纬 24°以南的山区、丘陵，从海拔 1000 米至低海拔都有野生分布。进入 21 世纪，沉香种植业迅速发展。

◆ **形态特征**

白木香高 5～15 米。树皮暗灰色，几平滑，纤维坚韧。小枝圆柱形，具皱纹，幼时被疏柔毛，后逐渐脱落。叶革质，圆形、椭圆形至长圆形，有时近倒卵形，长 5～9 厘米，宽 2.8～6 厘米，先端锐尖或急尖而具短尖头，基部宽楔形，上面暗绿色或紫绿色，光亮，下面淡绿色，两面均无毛；叶柄长 5 ~ 7 毫米，被毛。花芳香，黄绿色，多朵，组成伞形花序；花梗长 5 ~ 6 毫米，密被黄灰色短柔毛；萼筒浅钟状，长 5 ~ 6 毫米，两面均密被短柔毛，5 裂，裂片卵形，长 4 ~ 5 毫米，先端圆钝或急尖，两面被短柔毛；花瓣 10，鳞片状，着生于花萼筒喉部，密被毛；雄蕊 10，排成 1 轮；子房卵形，密被灰白色毛，2 室，每室 1 胚珠，花柱极短或无，柱头头状。蒴果果梗短，卵球形，幼时绿色，2 瓣裂，2 室，每室具有 1 种子。种子褐色，卵球形。花期春夏，果期夏秋。

◆ 生长习性

白木香喜生于低海拔的山地、丘陵及路边阳处疏林中。适宜生长的温度范围为年平均温度 23℃ 以上，最高气温为 37℃，最低气温为 3℃。喜湿润，耐干旱，适宜生长的降水量范围为年平均降水量 1500 ~ 2000 毫米。适宜生长的地理范围为东经 97° 24′ ~ 122° 2′，北纬 24° 以南。幼株喜阴，荫蔽度以 40% ~ 60% 为宜，成株喜阳。白木香对土壤要求不严，野生分布在瘠薄黏土，生长缓慢，但木材坚实，香味浓厚，容易结香；土层深厚、肥沃湿润的土壤，不利于结香。

◆ 繁殖方法

种子繁殖

选择优良单株或优良类型白木香单株，干形通直、生长健壮、无病虫害，正常开花结实的植株作为采种母树，树龄以 10 ~ 15 年为宜。5 ~ 6 月蒴果的果皮颜色由绿转黄白时，自然开裂，种子呈棕褐色，即可采收。种子不耐储藏，应随采随播。5 月底 ~ 6 月中旬播种。将种子均匀撒播于床面上，播种量为 200 粒 / 米²，播种后用木板将种子轻压入土，播后覆盖约 1 厘米的火烧土或细沙，再覆盖一层稻草或农作物秸秆。

移栽定植

平地时采取全垦或穴垦式栽种。在春季或温暖多雨季节，有灌溉条件的地区可随时种植。种植时间应选阴天或雨过天晴的下午进行。种植密度采用 2 米 ×3 米株行距，每亩种植 111 株。播种苗时，起苗时要深锄，尽量带土团；营养袋苗种植时去除营养袋，剪去过长主根和大部分叶片，把苗放在植穴正中，根要舒展，分层填土压实，踩紧，淋足定根水，最后覆层松土或覆盖杂草给予保湿。

◆ 栽培管理

选地与整地

白木香苗圃地的选择应选地势比较平坦，土层深厚，肥沃和排水良好的沙壤地，靠近水源，有一定林木遮阴的地块作为苗圃地。种植地可选择排水良好的避风向阳缓坡、丘陵。将地面树木、杂草砍除，就地晒干覆盖物。依地形地势修筑等高梯田，视坡度大小开挖宽面或窄面梯田，在梯田上平整土地。

田间管理

除草松土。在幼龄期 1～2 年内，每 1～2 个月除草松土 1 次。3～4 年期内每季度除草松土 1 次。第 5 年以后，每年雨季结束前除草松土 1 次或砍除株行间的小灌木并连根挖起。

施肥。种植 1 年内以施水肥为主，用 1：10 人畜粪水或 0.2% 复合肥水溶液淋施。种植的第 2 ～ 5 年，每季度每株每次穴施有机肥 2 ～ 5 千克或生物菌肥 100 ～ 150 克。进入造香期，可在每年雨季结束前，每亩穴施有机肥 7.5 ～ 10 千克或生物菌肥 0.5 ～ 1.0 千克混合高氮三元复合肥 150 ～ 200 克。

间作。幼龄期需要一定的荫蔽，在种植前 2 个月可种植高秆作物作为前期荫蔽。当成林封行后可间种喜阴药材如益智、红豆蔻、草蔻等以充分利用自然资源，调节白木香生长环境，增加经济收入。

修剪。以主干结香的树种，通过修剪可以促进主干生长，有利结香。适时修剪，修剪时把下部的分枝，病虫枝修剪掉，保持主干通直，方便人工造香操作。

灌溉与排水。在定植缓苗期、幼龄生长期及旱季，要及时喷灌。保持土壤湿润。在雨季来临前要检查排水系统，修补环山排水沟，及时排除积水。

病虫害及其防治

幼苗枯萎病。发生于苗床，会导致幼苗枯萎死亡。排水不良，旧土育苗，幼苗密集易发病。播种前对苗床消毒，合理密植；发病初期及时拔除病株并烧毁，可使用土壤杀菌剂进行杀菌。

炭疽病。为害叶片，初发为褐色小点，后扩散为圆形至不规则形斑，有些病斑呈轮纹状，严重时叶片脱落。阴雨潮湿，露水大时有利于病害的发生。发病初期喷 80% 炭疽福灵或 75% 百菌清。

白木香黄蟥。白木香黄蟥幼虫咬噬叶片，在食料不足时，会啃食树皮，致植株生长不良。冬季浅翻土，清除枯枝败叶和杂草，消灭越冬蛹；

虫害发生时，可反复用杀虫剂喷树冠及林下地面。

卷叶虫。幼虫吐丝将叶片卷起，蛀食叶肉，常发生于春秋之间。发现卷叶及时剪除，集中深埋或烧毁；害虫卷叶前或卵初孵化期用杀虫剂进行喷洒。

天牛。幼虫吸食木质部，受害严重时树干枯死。利用人工捕杀卵块和幼虫方法进行防治。

金龟子。成虫常在抽梢和开花期危害幼芽、嫩梢、花朵。利用人工捕杀、生物防治、诱杀等方法进行防治。

◆ 采收与加工

采收

树干离地 30～50 厘米处锯断，挖出树根，锯成原木运回干燥场地。运回的原木（包括树干、树枝和树根），除有特殊用途，应趁新鲜剥除树皮（或根皮）。用尖头刀纵向划开树皮（或根皮），继续用尖头刀或砍刀将树皮完全剥除，露出白色木质部。搭架将剥除树皮（或根皮）的原木，层层架空码放阴干。略倾斜可沥出树内可能的积水。将干燥后的树干、树枝用台锯锯成 50～150 厘米的段木。

加工

树根根据大小长短及用途确定是否锯成段。首先观察段木的横断面，大致确定黑色结香层外白木层的厚度，然后用砍刀将段木周围的白木劈除，至接近结香层，得到木坯。用铲刀将木坯中靠近沉香面的白木铲除，直至可见颜色较深木材，内隐约可见结香层，得到香坯。用钩刀小心将香坯中镶嵌的白木丝尽可能钩除，直至露出深色、油状的结香层，得到香块。将经过精剖获得的香块，用砍刀纵向劈开数块，将中间的腐木用铲刀小心剔除，再用钩刀小心勾除色深、较软朽木，直至较硬沉香层。根据生产需求再切成合适大小，得到香片。

◆ 用途

沉香具有行气止痛、温中止呕、纳气平喘等功效。用于胸腹胀闷疼痛，胃寒呕吐呃逆，肾虚气逆喘急。在传统应用中，沉香多以复方入药，通过理气、益肾等方法达到降逆、平喘、补肾、去心腹痛、通便等功效。《本经逢原》"沉水香专于化气，诸气郁结不伸者宜之。温而不燥，行而不泄，扶脾达肾，摄火归原。主大肠虚秘，小便气淋，及痰涎血出于脾者，为之要药。凡心腹卒痛、霍乱中恶、气逆喘急者，并宜酒磨服之"，道出了沉香在使用时的功效。沉香还被作为调味剂添加到酒、茶叶、香烟中。沉香具有一定的益肾助

白木香

阳保健作用，添加到酒中可以降低酒的烈性，起到一定的保健作用。沉香具有安神的作用，和茶叶混合泡茶饮，能起到安神、助睡眠、理气的效果。《中华人民共和国药典》（2015 年版）规定沉香中沉香四醇不

得低于 0.10%。

龙脑香树

龙脑香树是被子植物真双子叶植物锦葵目龙脑香科冰片香属高大乔木。又称梅花脑树、山樟木、婆罗洲柚木。名出《名医别录》和《唐本草》。

◆ 分布

龙脑香树原产于苏门答腊岛、婆罗洲、马来半岛等地。主要分布在马来西亚和印度尼西亚湿润雨林地区。中国云南和海南有栽培。

◆ 形态特征

龙脑香树高 40 ～ 70 米，最高可达 76 米，径 1.2 ～ 1.8 米，粗达 3 米，常有星状毛或盾状鳞秕。单叶，厚革质，无毛，互生，卵形，长 4 ～ 6 厘米，宽 2 ～ 4 厘米，先端渐尖或短尖，基部楔形至圆钝，边缘全缘或至多部分反卷，叶柄短长 0.5 ～ 1 厘米。花两性，辐射对称，白色，芳香，圆锥花序顶生或腋生，稀为聚伞花序，长 7 厘米；花萼基部合生成筒，与子房离生或合生，上部裂片 5，披针形，无毛，结果时通常扩大成翅；花瓣 5，近长圆形，基部分离或稍合生，常被毛；雄蕊 5 ～ 15 或多数，花药纵裂，有延伸的药隔；心皮 3，合生，子房上位，3 室，中轴胎座，每室 2 胚珠，花柱 3 裂，无毛。坚果含 1 颗种子，常为增长的宿萼所围绕，长萼裂片中 2 ～ 3 枚或全部发育成狭长的翅。

◆ 用途

龙脑香树树脂有香气，早期龙脑香的正源，仅大树才能生产龙脑香，较小的树也产有香气的树脂，但不能制作龙脑香。作为香料，龙脑香至少从 6 世纪以来就是重要的国际贸易种类。老树干经蒸馏后所得的结晶化学成分为树脂，称龙脑、冰片或龙脑冰片（右旋冰片），为一种香料，可用作芳香开窍药。木材材质优良。

因过度开发，仅存很小的种群，该种被列入国际濒危物种名录。

合　欢

合欢是豆科合欢属落叶乔木。

◆ 分布

合欢原产于亚洲及非洲，分布于中国自黄河流域至珠江流域的广大地区。

◆ 形态特征

合欢高可达 16 米，树冠扁圆形，常呈伞状。小枝有棱角，嫩枝、花序和叶轴被绒毛或短柔毛。二回偶数羽状复叶，总叶柄近基部及最顶一对羽片着生处各有 1 枚腺体。羽片

合欢

4 ～ 12 对，小叶 10 ～ 30 对，线形至长圆形，长 6 ～ 12 毫米，宽 1 ～ 4毫米，中脉紧靠上边缘，叶背中脉处有毛。头状花序于枝顶排成圆锥花序。

花粉红色，花萼管状，裂片三角形，长 1.5 毫米，花萼、花冠外均被短柔毛。荚果带状，长 9 ～ 15 厘米，宽 1.5 ～ 2.5 厘米，嫩荚有柔毛，老荚无毛。花期 6 ～ 7 月，果期 8 ～ 10 月。

合欢喜光，耐寒性稍差，耐干旱、瘠薄，对土壤要求不严，不耐水涝。常用播种繁殖。

◆ 用途

合欢可作城市行道树、观赏树，也可作庭荫树，植于林缘、房前、草坪、山坡等地。树皮及花可入药，有安神、活血、止痛等功效。木材纹理通直，质地细密，可用于制作家具、农具等。

柠檬桉

柠檬桉是桃金娘科伞房属大乔木。又称油桉树、留香久。

◆ 分布

柠檬桉原产于澳大利亚、印度尼西亚、菲律宾和巴布亚新几内亚。中国广东、广西及福建南部有栽种，尤以广东最常见，多作行道树，在广东北部及福建生长良好。

◆ 形态特征

柠檬桉高 28 米，树干挺直；树皮光滑，灰白色，大片状脱落。幼态叶片披针形，有腺毛，基部圆形，叶柄盾状着生；成熟叶片狭披针形，宽约 1 厘米，长 10 ～ 15 厘米，稍弯曲，两面有黑腺点，揉之有浓厚的柠檬气味；过渡性叶阔披针形，宽 3 ～ 4 厘米，长 15 ～ 18 厘米；叶柄长 1.5 ～ 2 厘米。圆锥花序腋生；花梗长 3 ～ 4 毫米，有 2 棱；花蕾长倒卵形，长 6 ～ 7 毫米；萼管长 5 毫米，上部宽 4 毫米；帽状体长 1.5 毫米，比萼管稍宽，先端圆，有 1 小尖突；雄蕊长 6 ～ 7 毫米，排成 2 列，花药椭圆形，背部着生，药室平行。蒴果壶形，长 1 ～ 1.2 厘米，宽 8 ～ 10 毫米，果瓣藏于萼管内。花期 4 ～ 9 月。

◆ **生长与繁殖**

柠檬桉喜高温多湿气候，能耐短期 -3℃ 低温和轻霜，不耐严寒。适宜生长于最高海拔分布为 600 米，年降水量为 600 ～ 1000 毫米的地区，喜湿热、深厚、疏松和肥沃土壤。采用种子繁殖或无性繁殖。育种方法主要有杂交育种、分子标记辅助育种。

◆ **栽培管理**

选择离村庄较远、无牲畜践踏、略带黏质的肥沃半砂泥田作育苗地。苗圃地要做到三犁三耙，耙好耙平后，再用人工推平，随后把水排干，待晒至田边微有鸡爪裂痕时，立即起畦。

根据各生长阶段的不同要求及环境条件的变化进行。每隔几天视天气情况喷水，保持湿润，6 ～ 8 天后便可出苗。当苗高 3 厘米时开始施农家肥。当苗高至 17

柠檬桉

厘米以上时，可停止施肥，等待移植。及时除草，成苗后每年春进行除草松土，除草时勿伤害根茎和叶。夏季以后，以培土为主，防止倒伏。雨天注意排水，一旦积水会造成大片死亡。

柠檬桉病害主要有溃疡病、苗茎腐病。主要虫害有白蚁、红脚绿金龟子。

◆ 采收与加工

柠檬桉叶片和果实。修枝采叶或萌蘖采叶，每年可采收 2 ～ 3 次。采用水蒸气蒸馏法提取。

◆ 用途

柠檬桉木材纹理较直，易加工，质稍脆，伐后经水浸渍，能提高抗虫害蛀食，是造船的好木材；树皮可提制栲胶和阿拉伯胶。枝叶含精油，是香料工业中重要的原料之一。精油可用于香料，是香皂、香水等用品的重要原料。具有杀菌作用，可用于医药。具有驱蚊作用，可用于十滴水、清凉油、防蚊油等。

没 药

没药是橄榄科没药属低矮灌木或小乔木。又称末药、明没药。

◆ 分布

没药起源于索马里、埃塞俄比亚及阿拉伯半岛南部。分布于热带非洲和亚洲西部，索马里、埃塞俄比亚及阿拉伯半岛南部等地。以索马里所产者最佳，中国也有引种栽培。

◆ **形态特征**

没药高 3 ～ 4 米。树干具多数不规则尖刺状枝。树皮薄，光滑，小片状剥落，淡橙棕色，后变灰色。叶散生或簇生，单叶或三出复叶，柄短，小叶倒长卵形或倒披针形，中央一片远较两侧一对为大，长 7 ～ 18 毫米，宽 4 ～ 8 毫米，全缘或仅末端稍具锯齿。花小，丛生短枝上；萼杯状，宿存，上具 4 钝齿；花冠白色，4 瓣，长圆形或线状长圆形，直立；雄蕊 8，自短杯状花盘边缘伸出，直立，不等长，花药囊卵形；子房 3 室，每室各具胚珠 2 枚，花柱短粗，柱头头状。核果卵形，尖头，光滑，棕色，外果皮革质或肉质，种子 1 ～ 3 枚，但仅 1 枚成熟，其余均萎缩。花期夏季。

◆ **生长习性**

没药性喜较干燥的热带和亚热带气候，在海拔 250 ～ 1300 米均可分布。适宜生长于最低温度不低于 10℃，年平均降水量在 230 ～ 300 毫米的地区。喜浅土壤，主要产于石灰石之上。采用播种繁殖。少有育种，主要为野生种栽培。

◆ **栽培管理**

没药选择光照良好、不积水的壤土或沙土，也可选择坡地。播种前应可用草木灰或凋落物焚烧回田，随后即可播种。根据各生长阶段的不同要求及环境条件的变化进行。出苗后，让苗自然生长，不必除草松土。在幼苗生长期中，如果杂草高过没药苗，可将杂草尾部割掉。出苗后，不施任何农家肥，更不施用化肥，也不喷农药。结合植物不同生长时期进行松土和培土，注意松土时对植物根际保护。成苗后少浇水或不浇水，雨天注意排水，一旦积水会造成大片死亡。没药少有病虫害发生的报道。

◆ **采收与加工**

11 月至翌年 2 月采收。树脂可由树皮裂缝自然渗出，或将树皮割破，使油胶树脂从伤口渗出。初呈淡黄白色黏稠液，遇空气逐渐凝固成红棕色硬块。采后去净树皮及杂质，置干燥通风处保存。用超临界 CO_2 流体萃取法和水蒸气蒸馏法提取获得精油。

◆ **用途**

从没药树上提取的树脂亦称为没药，是珍贵的香料，具有散瘀定痛、消肿生肌等功效，收录于《中华人民共和国药典》（2015 年版）。临床上主要用于胸痹心痛、胃脘疼痛、痛经经闭、产后瘀阻、癥瘕腹痛、风湿痹痛、跌打损伤、痈肿疮疡等。精油及其提取物具有抗氧化和抗炎、抗肿瘤、保肝、镇痛、抗菌和抗寄生虫、神经保护、降血脂、降血糖、抗阿尔茨海默病、抗胃溃疡和抗肥胖等活性。

没药

没药（干燥）

樟　树

樟树是樟科樟属常绿阔叶高大乔木。为国家二级重点保护植物。又称香樟、芳樟、油樟、樟木、乌樟、臭樟。

◆ 分布

樟树适宜生长环境为北纬 10°～ 30° 地区，广泛分布于中国东南各地，以台湾、福建、江西为最多，湖南、湖北、广东、广西、浙江等地也有分布。

◆ 形态特征

樟树树冠广卵形；枝、叶及木材均有樟脑气味；树皮黄褐色，有不规则纵裂。顶芽广卵形或圆球形；鳞片宽卵形或近圆形，外表略被绢状毛。枝条圆柱形，

樟树（湖北孝感云梦县台湖林）

淡褐色，无毛。叶互生，薄革质，卵形或椭圆状卵形，背面微有白粉，无毛；叶缘微呈波状；有离基三出脉，脉腋有明显腺体。花两性，圆锥花序腋生，花期为 4 ～ 5 月。浆果球形，直径 4.5 ～ 6 毫米，10 ～ 11月成熟，果皮呈紫黑色，有光泽。

◆ 生长习性

樟树属弱阳性树种，幼时稍能耐阴，常见于湿润山谷、山腰以下

及河流两岸、村旁、路旁。土壤以土层深厚、肥沃、湿润呈中性或酸性的壤土最为适宜。耐湿，短期浸水或地下水位较高处尚能正常生长，但不耐干旱、贫瘠和盐碱土。主根发达，侧根细长向四周延伸；根系再生能力强，根部受伤后可萌生大量侧根。萌芽力强，耐修剪。树龄在10～20年时树高生长较快，树龄在二三十年后树高生长渐次下降；树龄在10～40年时胸径生长较快。通常树高可达40米，胸径达3～4米。枝下高度较低，一般主干上2～3米即分权，树冠扩展，但在与其他树种混交时，侧枝较少，主干明显而通直。

◆ 培育技术

樟树就地采种、即时播种是保持樟树种子活力的最佳方式。异地采种需做好种子保湿措施，注意通气。樟树种子种壳紧密、透水性差，湿藏种子播种前浸种催芽，提高发芽率。樟树种粒大，幼苗生长快，以条播为主，条距为20～25厘米，每沟放种子20～25粒，每公顷用种量180千克左右。播种时间不超过惊蛰，以早春2～3月为宜。幼苗长出真叶后间苗，定苗密度为亩产2万株左右。扦插育苗时，扦插材料应选择发育年龄小的母树，以1年生苗作穗条扦插的效果最好。幼苗期施肥量为氮素4克/株、磷素4克/株和钾素2克/株。

樟树根系发达，为深根系树种，造林地应选择土壤深厚、水肥条件好的立地（Ⅰ和Ⅱ类地），在坡度较陡林地选择中下坡造林，避免全坡造林。造林时间以冬季造林为宜，不超过立春。坡度缓的林地考虑全垦和带状整地，其余林地采用穴垦，穴规格不低于60厘米×60厘米×40厘米，整地时间以秋冬为宜。造林密度低于2505株/公顷，以

1200 ～ 1800 株 / 公顷为宜。可采用植苗、截干和直播造林，植苗造林应严格修剪枝叶及过长的主侧根，截干造林留茎长 6 ～ 10 厘米，直播造林每穴 4 ～ 5 粒种子，春播或冬播。侧枝发达，树干多杈，幼树喜阴，壮年需强光，营造混交林能促进樟树生长，适宜与樟树混交的树种有福建柏、杉木、台湾相思、格氏栲、楠木、枫香等，尤其以耐阴浅根系树种福建柏为佳，福建柏和樟树混交比例为 7 ∶ 3。

樟树造林后前 3 年，每年锄草 2 次。第一次抚育在 4 ～ 5 月，锄草结合松土；第二次抚育在 9 ～ 10 月，截干造林第二年抚育应劈除萌条。樟树树冠覆盖面积大，壮年后对光需求高，应及时间伐，促进樟树径向生长，间伐时间不超过幼林郁闭后 4 ～ 5 年，第一次间伐以 25% ～ 30% 为宜，间伐后郁闭度在 0.7 以上为宜，以 1300 株 / 公顷为佳，间伐林分郁闭后第二次间伐。

◆ 用途

樟树是一个古老树种，在距今 7000 ～ 5300 年的浙江河姆渡遗址发现有樟木被使用的遗迹。樟树人工栽培历史悠久，其寿命极长，江西安福县保留着 3 株樟树，树龄约 2000 年。广泛应用于城乡园林、珍贵用材林、芳香油原料林和防护林等基地建设，主要采用播种育苗，在中国林业生产中占有重要地位。

侧　柏

侧柏是柏科侧柏属乔木树种。又称香柏、柏树、扁柏。

◆ 分布

侧柏为中国特产，分布广泛、栽培历史悠久。除青海、新疆外，自内蒙古南部、东北南部，经华北向南达广东、广西北部，西至陕西、甘肃，西南至四川、云南、贵州、西藏德庆和达孜等地均有分布，黄河及淮河流域为集中分布地区。是中国重要的园林绿化及防护林树种。

◆ 形态特征

侧柏属温带树种，常绿乔木。树皮淡褐色或灰褐色，纵裂成条片。幼树树冠卵状尖塔形，老树树冠广圆形；着生鳞叶的小枝扁平，直展，两面均为绿色。鳞叶长 1～3 毫米，交互对生，先端微钝，背部有纵凹槽。雄球花黄色，卵圆形，长约 2 毫米；雌球花近球形，蓝绿色被白粉，径约 2 毫米。球果长卵形，长 1.5～2 厘米，种鳞 4 对，扁平，背部上端有一反曲的小尖头，种子长卵形，长 4～6 毫米，无翅，或顶端微有短膜。

中国北京天坛公园的侧柏林

花期 3～4 月，果实成熟期 9～10 月。

◆ 生长习性

侧柏为喜光树种，主要分布在低山阳坡和半阳坡。幼苗和幼树都耐庇荫，在郁闭度 0.8 以上的林地中，天然下种更新良好。20 年生以后，需光量增大，林分郁闭度宜保持在 0.6～0.8。在年平均气温 8～16℃，年降水量 300～1600 毫米的气候条件下生长正常，能耐 -35℃ 的绝对低温。抗风力弱，在迎风地生长不良。对二氧化硫、氯气、氯化氢等有毒气体抗性中等，对氧化氮、臭氧等烟雾及硫酸雾的抗性较弱，抗烟力较差。

侧柏能耐干旱贫瘠的环境，可生长于一般树种难以生存的陡坡石缝中。在高山区、石灰岩山地、岩石裸露的低山和土壤瘠薄的条件下也能生长，多为疏林。喜钙质土，在 pH 为 5.0～8.0 的环境中都能生长，在 pH 为 7.0～8.0 的环境中生长最好。在薄土至中土层中，为具有垂直根水平根型，在厚土层中为斜生根水平根型，并且根基四周均具有密集的细根，具有极强的吸水能力和原生质忍耐脱水能力，因而抗旱性强。在不耐水涝，排水不良的低洼地易于烂根而死亡。抗盐碱能力强，在土壤含盐率 0.3% 的情况下也能生长，在土壤含盐量 0.2% 以下时，生长良好。

◆ 培育技术

侧柏采用播种育苗方式，苗木一般需要培育 1.5 年后才能出圃。如培养绿化大苗，需经 2～3 次移植，培养成根系发达、冠形优良的大苗后再出圃。造林地宜选海拔 1000 米以下的阳坡、半阳坡，石质山地、干旱瘠薄的土地，轻盐碱地和沙地均可作为造林地，但严重盐碱地和低洼易涝地不宜造林，避免风口造林。在干旱、瘠薄的石质山区阳坡，应边整地边造林。一般采用水平阶、水平沟、反坡梯田、鱼鳞坑、穴状整地等方法造林。造林苗木通常选用 1～3 年生裸根苗、1～2 年生容器苗、2～3 年生移植苗。一般 2 年半生移植苗高 50～70 厘米，地径 0.6～1.5 厘米。在造林后 3～4 年内，每年松土除草 3 次，以促进迅速生长。第一次在 4 月下旬，第二次在 7 月份，第三次在 10 月上旬。侧柏中幼林阶段宜采用机械抚育法，按事先确定的行距和株距，机械地确定采伐木。

◆ **用途**

侧柏是重要的荒山造林、园林绿化和绿篱树种。其材质有光泽且耐腐蚀，是重要的建筑、造船、桥梁、家具等用材，其种子、根、枝、叶、树皮等均可入药。

云 杉

云杉是松科云杉属常绿针叶乔木。

◆ **分布**

云杉全球 45 个种，中国分布 18 种 7 变种。中国云杉主要分布在西部高山区和北方高纬度地区。东北地区分布有红皮云杉和鱼鳞云杉，华北地区分布有青扦和白扦，西北、西南地区主要分布有西伯利亚云杉、天山云杉、青海云杉、粗枝云杉、川西云杉、麦吊云杉、油麦吊云杉、紫果云杉、丽江云杉、长叶云杉、林芝云杉、西藏云杉、白皮云杉、鳞皮云杉、黄果云杉、康定云杉和台湾地区的台湾云杉。此外，还包括引进种欧洲云杉、白云杉、黑云杉、塞尔维亚云杉和蓝云杉等。

◆ **形态特征**

云杉为树冠塔形、卵圆形或圆柱形。小枝有疏生或密生的短柔毛，或无毛。主枝之叶辐射伸展，侧枝上面之叶向上伸展，下面及两侧之叶向上方弯伸，四棱状条形，长 1～2 厘米，宽 1～1.5 毫米，微弯曲，先端微尖或急尖，横切面四棱形，四面有气孔线。球果圆柱状矩圆形或圆柱形，成熟时淡褐色或栗褐色，长 5～16 厘米，径 2.5～3.5 厘米；中部种鳞倒卵形，长约 2 厘米，宽约 1.5 厘米；种子倒卵圆形，长约 4 毫米。花期 4～5 月。球果 9～10 月成熟。

中国天山山脉中段雪岭云杉林外貌

◆ **培育技术**

云杉春播育苗为主，播前 5 天用 10% 的硫酸亚铁进行土壤消毒。条播采用宽幅播种，条幅宽 10 厘米，幅间距 20 厘米，覆土厚度 0.5～1 厘米，覆土最好是林内腐殖土或锯末土，每亩播种量为 10～15 千克，播后立即用草覆盖或用竹帘铺在苗床，以便遮阴、保温。播种后需加强苗期管理和越冬管理。播种育苗以生产裸根苗为主。高寒地区也可在塑料大棚内播种培育裸根苗，以延长生长期，缩短育苗期。

云杉也可采用在温室或塑料大棚内进行容器育苗。用始温 40～45℃ 的温水浸种 24～36 小时，种子吸水后拌锯末催芽，4 天左右种子开始露白，即可播种。网袋容器育苗，基质为泥炭土和河沙，每袋播 3～4 粒种子，然后用筛子筛覆一层腐殖土或泥炭土，厚度 0.3 厘米。催芽的种子播后 3 天开始萌发出土，发芽较快，并且出芽整齐。幼苗对干旱的抵抗力弱，应经常浇水保持湿润，但切忌积水。约有 60% 出苗时要喷洒波尔多液，预防立枯病，以后每隔 5～7 天喷洒一次，至大多数苗长出真叶为止。幼苗出土后在夜间采用 LED 植物生长灯补充光照 4 ～ 8 小时，光强 10 ～ 50 微摩尔 /（米² ·秒）。

云杉可以直播造林，但由于种子缺乏，以植苗造林为主。选择海拔 1000 米以上的阴坡、半阴坡、平地、阳坡的采伐迹地、火烧迹地、疏林地、宜林地和农耕地，土壤排水良、微酸性、酸性或中性、土层深厚、土壤肥沃，水分条件较好，阳光充足的立地。分春季造林和秋季造林。在春季造林要注意土壤墒情，在土壤解冻达到或超过根长 20 ～ 25 厘米为宜，一般在 4 月末至 5 月初开始造林。秋季宜在苗木完全木质化后，土壤冰封结冻前进行造林。可采用人工穴状或机械整地，人工穴状整地规格：50 厘米 ×50 厘米 ×40 厘米；机械整地规格为长度 4 ～ 6 米，宽 × 深：50 厘米 ×30 厘米。不论采用何法均注意排水。以营造混交林为宜，可与落叶松、山杨、油松、樟子松等阳性树种进行块状或带状混交。造林密度要根据造林小班的立地条件和经营价值取向确定适宜的造林密度，一般为 1600 ～ 3000 株 / 公顷。

◆ 用途

云杉物种多，适生区广，占中国国土面积的 1/3 地区可造林和种植，是中国造林和森林更新的重要树种。适应性强，抗风力强，耐烟尘；材质优良、纹理直、结构细、轻柔、有弹性、易加工、很少翘裂、耐久用，可用于建筑、桥梁、造船、车辆、航空器材、细木工、乐器、文化体育用具、木纤维原料等。针叶含油率 0.1% ～ 0.5%，可提取芳香油。树皮可提取栲胶，树干可取松脂。

冷 杉

冷杉是松科冷杉属植物的统称。常绿乔木，树干端直，树形优美，是高山地带的顶级群落组成树种，也是很好的园林绿化观赏树种。

冷杉属植物发生于晚白垩世，至中新世及第四纪种类增多，分布区扩大，经冰期与间冰期保留下来，繁衍至今。在中国秦岭以南及东南的平原和西南低山地区的晚更新世沉积物中发现了冷杉花粉。

◆ 分布与种类

冷杉全世界约 50 种，分布于亚洲、欧洲、北美洲、美洲中部及非洲北部的高山地带。中国有 22 种 3 变种，多为耐寒、耐阴性较强树种，分布于东北、华北、西北、西南地区，常组成大面积纯林或混交林。主要种类有巴山冷杉、百山祖冷杉、苍山冷杉、察隅冷杉、长苞冷杉、臭冷杉、川滇冷杉、黄果冷杉、急尖长苞冷杉、鳞皮冷杉、岷江冷杉、墨脱冷杉、怒江冷杉、秦岭冷杉、日本冷杉、杉松、台湾冷杉、西藏冷杉、新疆冷杉、云南黄果冷杉、中甸冷杉、紫果冷杉、梵净山冷杉、元宝山冷杉、资源冷杉等。其中，巴山冷杉、百山祖冷杉、长苞冷杉、川滇冷杉、鳞皮冷杉、岷江冷杉、

冷杉

墨脱冷杉、秦岭冷杉、台湾冷杉等为中国特有种。百山祖冷杉、梵净山冷杉、元宝山冷杉、资源冷杉为国家一级保护植物。

◆ **形态特征**

冷杉树干端直、树冠塔形。枝条轮生，小枝对生，稀轮生，基部有宿存的芽鳞，叶脱落后枝上留有圆形或近圆形的吸盘状叶痕，叶枕不明显，彼此之间常具浅槽；冬芽近圆球形、卵圆形或圆锥形，常具树脂，稀无树脂，顶芽三个排成一平面。叶螺旋状着生，辐射伸展或基部扭转排列成两列，或枝条下面的叶排列成两列，叶条上面的叶斜展、直伸或向气后反曲；叶条形，扁平，直或弯曲，先端凸尖或钝，或有凹缺或二裂，微具短柄，柄端微膨大，上面中脉凹下，稀微隆起而横切面近菱形，无气孔线或有气孔线，下面中脉隆起，每边有 1 条气孔带；叶内具 2 个（稀 4～12 个）树脂道，位于维管束鞘的两侧，或靠近下面两端的皮下层细胞，中生或边生，稀近中生，而位于近两端下方皮下层细胞上的叶肉薄壁组织中。雌雄同株，球花单生于上一年枝上的叶腋；雄球花幼时为长椭圆形或矩圆形，后成穗状圆柱形，下垂，有梗，雄蕊占多数，螺旋状着生，花药 2，药室横裂，药隔通常二叉状或先端二裂，稀钝圆或不规则二浅裂，花粉有气囊；雌球花直立，短圆柱形，有梗或几无梗，具多数螺旋状着生的珠鳞和苞鳞，苞鳞大于珠鳞，珠鳞腹（上）面基部有 2 枚胚珠。球果当年成熟，直立，卵状圆柱形至短圆柱形，有短梗或几无梗；种鳞木质，排列紧密，常为肾形或扇状四边形，上部通常较厚，边缘内曲，基部爪状，腹面有 2 粒种子，背面托一基部结合而生的苞鳞；苞鳞露出、微露出或不露出，先端常有凸尖（稀渐尖）的尖头，外露部分直伸、斜展或反曲；种子上部具宽大的膜质长翅；种翅稍较种鳞为短，下端边缘包卷种子，不易脱离；球果成熟后种鳞与种子一同从宿存的中轴上脱落；子叶 3 ～ 12（多为 4 ～ 8）枚，发芽时出土。

◆ 生长习性

冷杉常在高纬度地区至低纬度的亚高山至高山地带的阴坡、半阴坡及谷地形成纯林，或与性喜冷湿的云杉、落叶松、铁杉和某些松树及阔叶树组成针叶混交林或针阔混交林。耐阴性强，适应温凉和寒冷的气候，土壤以山地棕壤、暗棕壤为主。易受高温伤害，树皮光滑的成年树，皮灼现象尤其严重，易罹病害。天然冷杉林异龄性大，呈复层林，与具有林窗式连续下种的更新特性有关。林木初期生长缓慢，中期生长迅速，年高生长量最大值通常在 100 ～ 120 厘米。

◆ 培育技术

冷杉常采用播种育苗繁殖。冷杉开始结实的年龄：孤立木、林缘木约为 40 ～ 50 年；林内木为 80 ～ 100 年。以 VIII ～ XII 龄级结实较多，结实周期 4 ～ 5 年。种子 9 ～ 10 月成熟、飞落。种子千粒重 10 ～ 16 克，室内发芽率 5% ～ 15%，干燥贮藏可保存 3 ～ 5 年。每公顷播种量 750 千克左右，种子出土后须及时搭盖荫棚，透光度保持 50% 左右。通常采用天然更新和人工更新，皆伐后的采伐迹地宜采用植苗造林更新。中国不少冷杉林分布于山区，水源涵养价值高，宜将陡坡、阳坡、山脊两侧、高海拔地带、森林分布界限、草地中孤立森林、江河两岸、公路、铁路两侧等森林，特别是大熊猫栖息地的森林划作水源涵养林和防护林加以保护，禁止采伐。其余森林则根据地势和林型的分布规律而采用择伐（强度 20% 或 30%）或小面积皆伐（面积 3～5 公顷），但要及时更新造林。

冷杉立木腐朽病常发现于雨量充沛、温度高、湿度大的过熟林中，病腐株率约 50%。害虫有冷杉迹球蚜，主要为害冷杉幼苗；青缘尺蛾为害叶部；云杉小墨天牛和云杉大墨天牛侵害活立木；松枝小卷蛾为害 1 米以下树干及粗枝韧皮部，严重时造成大量流脂，树势减弱，导致其他蛀干害虫侵害。

◆ 用途

冷杉木材色浅，心边材区别不明显，无正常树脂道，材质轻柔、结构细致，无气味，纹理直，易加工，不耐腐，是纸浆及木纤维工业的优良原料，可做一般建筑枕木（需防腐处理）、器具、火柴杆、牙签、家具及胶合板，板材宜做箱盒、水果箱等。叶含芳香油 0.2%～0.6%，树皮含单宁 5%～15%。树皮粉可做脲醛树脂胶增量剂。该属各种均能提取冷杉树脂，冷杉的树皮、枝皮含树脂，著名的加拿大树脂即是从香脂冷杉的幼树皮和枝皮中提取的，国产冷杉也可提取相似的胶黏剂，是制切片和精密仪器较好的胶黏剂。树干端直，枝叶茂密，四季常青，可作园林绿化树种，是中国重要的造林树种。

铁 杉

铁杉是裸子植物松目松科铁杉属常绿乔木。

◆ 分布

铁杉为中国特有树种，分布范围广，分布区地跨中亚热带至北热带，适宜气候温凉湿润，雨量充沛，云雾重，湿度大，海拔为 1000～3500

米的地区。适宜土壤为肥沃的酸性乌色红黄壤。主要产于甘肃白龙江流域，陕西南部、河南西部、湖北西部、四川东北部及岷江流域上游、大小金川流域、大渡河流域、青衣江流域、金沙江流域下游和贵州西北部海拔 1200 ～ 3200 米的地带。在河南、陕西、甘肃、湖北、四川东北部及贵州等地多呈星散分布，在四川西部峨边、泸定、天全等地尚有较大面积的森林，常在海拔 2000 ～ 3000 米与云南铁杉、麦吊云杉、油麦吊云杉、冷杉组成针叶树混交林或成纯林，在云南东南部马关、麻栗坡多生长于针阔叶混交林中。另外在浙江昌化、安徽黄山、福建武夷山、江西武功山、湖南莽山、广东、广西、西藏、贵州中部也有分布。台湾铁杉是铁杉的一个变种。

◆ **形态特征**

铁杉通常树高 25 ～ 30 米，胸径 40 ～ 80 厘米。树皮片状剥落，褐灰色，大枝平展，枝梢下垂。树冠塔形，直立高大，树干下部的大枝通常不脱落。侧枝展开，线型的叶在枝上呈螺旋状排列，基部扭转排成两列，条形，先端纯圆，有凹缺，全缘。叶面绿色有光，叶背淡绿，有两条气孔带。铁杉于每年的 4 ～ 5 月开花，10 月间球果成熟。铁杉为耐荫树种，幼树畏惧强烈日照，成年树可在林缘生长。

◆ **分类系统**

铁杉除了原变种，还包含台湾铁杉、丽江铁杉、大果铁杉、长阳铁杉和矩鳞铁杉等变种。不过这些变种是否有效，或是否应该成为独立的物种仍存在很多争议，如有些学者认为丽江铁杉应该处理为独立的一种，而矩鳞铁杉有时被处理为独立的物种，有时被处理为变种。

◆ **用途**

铁杉是珍贵的用材树种，成材树干硬度大，故名"铁杉"。木材通直圆满，纹理细致均匀，耐水湿、抗腐蚀性强，坚实耐用，是家具和造船的优良材料。长苞铁杉是一种喜湿、耐贫瘠的阳性树种，在林业生产实践上具有重要意义。

落叶松

落叶松是松科落叶松属植物的统称。

落叶松是北方和山地寒温带干燥寒冷气候条件下代表性针叶林树种之一，常形成大面积纯林，或与其他树种混生。分为红杉组和落叶松组。

◆ **分布**

落叶松天然分布在亚洲、欧洲和北美洲温带山区、寒温带平原，以及高山气候区，形成广袤的落叶松纯林。全世界有落叶松约 18 种；中国有 10 种，在 16 个省（自治区、直辖市）有分布或商品性栽培，为中国针叶树中栽种区域最广的树种。从北纬 26°的西藏南部至北纬 52°的黑龙江黑河，形成了一条由西南至东北走向贯穿中国大陆中部，狭长的斜切分布带。

◆ **形态特征**

落叶松为落叶乔木，高可达 35 米。树冠尖塔形或圆锥形，规整、美观，针叶柔软，春季呈淡绿色，夏季呈深绿色，秋季呈金黄色，冬季落叶。至秋，叶黄，形成独特的地带性秋季景观，因此也可作为优良的生态景观树种。树皮灰（暗）褐色或暗灰色，多呈块状或长片状剥裂。小枝通常较细，分长枝和短枝。冬芽小，近球形，芽鳞排列紧密。叶呈螺旋状，散生于长枝，簇生于短枝，条形，扁平，柔软，表面平或中脉隆起，背面中脉隆起，两侧有气孔线。

雌雄同株，花单性，单生于短枝上；雄球花黄色，雌球花近球形，苞鳞显著，绿紫色或红色，春季与叶同时开放。球果当年成熟，近球形或圆柱形，苞鳞露出或不露出。种子三角状倒卵形，千粒重 2.5 ～ 9.6 克，具膜质长翅，当年成熟时散落。

◆ **生长习性**

落叶松喜光，不耐上方庇荫，耐寒性强。对土壤肥力和水分反应敏感。在土层深厚、肥沃、疏松、透水良好的壤土或沙壤土上生长良好，在土壤干旱的南坡和砂地或排水差的沼泽化、泥炭质的黏重土壤上生长不良，适宜在 pH 为 5.0 ～ 6.5 的微酸性棕壤、暗棕壤、暗棕壤性白浆土、草甸土、褐土、黄土、黄棕壤、黄褐土、山地棕壤等土壤上生长。属浅根性树种，不抗强风。一般为生产力高的速生树种，为各分布区内重要用材和生态树种。

落叶松种子繁殖或无性扦插繁殖，人工造林或人工促进天然更新。每年 8 月中下旬至 9 月上旬，种子成熟后，采摘球果调制净种。采用经雪藏处理后的种子播种育苗，发芽快、出苗整齐，有利于苗期生长；未经雪藏的种子要在播种前 7 ～ 10 天进行催芽处理。播种量约为 75 千克 / 公顷。播种后，浇水少量、多次，保持苗床表层始终处于湿润状态即可；苗木开始高生长后，需适当增加浇水量和浇水次数，并适时适量追施氮肥；生长后期，停止浇水施肥，以促进苗木木质化，增强苗木抗寒性。

◆ **种群现状**

红杉组

主要有西藏红杉、怒江红杉、喜马拉雅红杉、四川红杉、红杉、太白红杉。红杉组落叶松很少有人工造林，大部分以天然林或天然次生林的状态存在，其中四川红杉和太白红杉天然林面积逐渐减小，现呈小块状或零星散生。

①西藏红杉。产于西藏南部喜马拉雅山区北坡及东南部波密、米林、林芝等海拔 3000～4000 米的高山地带。印度、尼泊尔、不丹也有分布。在山坡下部，与乔松、云南铁杉等混生；在山坡中部，与林芝云杉、西藏云杉、西藏冷杉等混生；在高山上部通常为纯林。

②怒江红杉。分布于怒江两侧的怒山、高黎贡山及澜沧江流域的剑川、德钦、维西及西藏东南部察隅、墨脱海拔 2600～4100 米的高山地带。缅甸北部也有分布，在海拔 2800 米以下，与云南铁杉及阔叶树混生；在海拔 2800～3800 米，与怒江冷杉、长苞冷杉、高山松、高山栎等混生；在海拔 3800 米以上，为稀疏纯林。

③喜马拉雅红杉。分布于西藏南部吉隆和珠穆朗玛峰北坡海拔 2800～3600 米地带的河漫滩上或河谷两岸，通常为纯林或与云杉等组成混交林。尼泊尔也有分布。

④四川红杉。分布于四川岷江流域的汶川、都江堰、宝兴及涪江流域的平武至北川之间海拔 2000～3500 米的山地，多呈块状或小团状分

布，与云杉、冷杉等混生。

⑤红杉。分布于甘肃南部、四川岷江流域、大小金川流域至康定道孚、丹巴等地海拔 2500 ～ 4100 米的高山上。在海拔 2500 ～ 3800 米，常与鳞皮冷杉、川西云杉混生，采伐或破坏后形成过渡性纯林；海拔 3800 ～ 4000 米地带组成稳定性纯林；海拔 4100 米则成稀疏矮林。

⑥太白红杉。分布于陕西秦岭太白山海拔 2700 ～ 3300 米的山地，形成高山落叶松林带。

落叶松组

分布于西北、华北、东北低海拔山区，主要有兴安落叶松、长白落叶松、华北落叶松、新疆落叶松。此外，日本落叶松自 1884 年引入中国后，在中国温带、暖温带及中、北亚热带高山区得以迅速推广。欧洲落叶松在中国也有引种栽培，多用于绿化栽培。

①兴安落叶松。分布于大、小兴安岭海拔 300 ～ 1700 米地带，构成大面积纯林。俄罗斯的西伯利亚、远东地区及朝鲜北部高山地带也有分布。

②长白落叶松。分布在长白山、张广才岭及老爷岭海拔 500 ～ 1800 米的山地。朝鲜北部及俄罗斯远东地区也有分布，海拔 1100 米以下常与水曲柳、白桦、紫椴等组成混交林，海拔 1100 米以上则与红松、鱼鳞云杉、臭冷杉等混生。受采伐影响，天然种群主要集中在抚松、长白、安图、和龙一带。

③华北落叶松。主要分布在河北、山西两省，北京和内蒙古最南部也有少量分布，一般生长在海拔 1200 ～ 2800 米的阴坡，集中分布在山

西吕梁山脉中段的关帝山和北段的管涔山林区、太行山脉的五台山林区、恒山林区、太行山与吕梁山间的太岳林区及河北燕山山脉。此外，中国北方低海拔山区、西北干旱和半干旱山区也进行了人工引种。

④新疆落叶松。又称西伯利亚落叶松。主要分布于新疆阿尔泰山及天山东部，在俄罗斯有广泛分布。在阿尔泰山西北部海拔 1900～3500 米地带，常与新疆五针松、新疆冷杉组成混交林，在东南部海拔 1000～2600 米地带组成大面积纯林。

⑤日本落叶松。主要分布于日本本州岛中部大约 200 平方千米的狭小范围内，群体间呈不连续的岛状分布，海拔 900～2500 米为纯林或混交林，海拔 2500～3100 米呈匍状矮林。在中国有广泛引种栽培。

◆ 栽培管理

落叶松一般采用植苗造林，以裸根苗或容器苗穴植造林。造林密度通常为 2500 株／公顷（2 米×2 米）、3300 株／公顷（2 米×1.5 米）或 4400 株／公顷（1.5 米×1.5 米）。培育大径材可适当稀植，培育中小径材可适当密植；立地条件好适宜稀植，立地条件差可适当密植；当交通方

中国新疆阿尔泰山西伯利亚落叶松林外貌

便、劳动力充足、小径材有销路之地时，可适当密植。

落叶松造林后需及时抚育，主要包括除草割灌、扩穴松土等，可提

高造林成活率，促进幼树生长。林分郁闭后（造林后 10 ～ 13 年），进行修枝和间伐作业。间伐年龄、强度和次数，除了要考虑培育目标、立地及造林密度外，同时还要考虑当地经济、交通、劳动力和产品销售等条件，保证保留木迅速生长，以及培育材种的质量要求，确保间伐后的林分稳定。

◆ 用途

落叶松树干通直，尖削度小，木材坚实，强度高，耐腐性强，常作为电杆、桩木、桥梁、枕木、坑木、车辆、家具、地板和造船等材料，以及建筑中的屋架、梁、檩等用材。其木材纹理通直，顺纹抗压强度、抗弯强度位居针叶材前列，同时具有较高的防腐和耐湿性能，干燥性能良好，加工性能、胶黏性能和耐磨性能中等，握钉力较大，可作为优良结构用集成材原料。同时，也是中国四大针叶纸浆材树种之一，其生物质产量高，纸浆卡帕值较低，纤维长且宽度大，打浆能耗低，制浆造纸工艺易于控制，成纸性能稳定，适宜于生产包装纸、高强瓦楞纸和纸板及生活用纸、香烟滤嘴棒包裹纸等。树皮是制造栲胶的重要原料。四川红杉为国家二级野生保护植物，太白红杉为国家三级野生保护植物。

◆ 保护利用措施

四川红杉和太白红杉在中心产地四川卧龙、陕西太白山和佛坪建立了自然保护区，被列入保护对象。在其他未建自然保护区的地方，应加强护林防火、严禁砍伐，采取人工促进天然更新及人工培育等保护措施。

◆ 病虫害防治

落叶松主要病害有落叶松苗立枯病、早期落叶病、枯梢病、褐锈病、癌肿病等；主要虫害有落叶松毛虫、落叶松叶蜂、落叶松鞘蛾、落叶松球蚜、舞毒蛾、落叶松八齿小蠹等食叶和蛀干害虫。落叶松病虫害防治首先要做到适地适树，并加强林分抚育管理，适当营造混交林，或降低林分密度，提高生物多样性，增加林分生态稳定性；对发病较重的林分采取生物或化学方法进行防治。

红 杉

红杉是松科落叶松属乔木。中国特有的、能生于森林垂直分布上限地带的树种。

◆ 分布

红杉主要产于中国甘肃南部、四川、西藏东南部和云南北部。

◆ 形态特征

红杉高可达 50 米，胸径 1 米；树皮灰色或灰褐色，纵裂粗糙；大枝平展，树冠圆锥形；1 年生长枝红褐色或淡紫褐色，偶有淡黄褐色，初被毛，后脱落，2 年生枝红褐色或紫褐色，老枝和短枝灰黑色；短枝顶端叶枕之间密生黄褐色柔毛。叶倒披针状窄条形，长 1.2～3.5 厘米，宽 1～1.5 毫米，先端渐尖，上面中脉隆起，每边有 1～3 条气孔线，下面沿中脉两侧各有 3～5 条气孔线，表皮有乳头状突起。球果矩圆状圆柱形或圆柱形，长 3～5 厘米，径 1.5～2.5 厘米，种鳞 35～65 枚；中部种鳞近方形或方圆形，先端平截或微圆，稀微凹，边缘稍内曲，背部有淡褐色细小瘤状突起和短毛；苞鳞矩圆状披针形，紫褐色，显著露出，直伸或微反曲。种子斜倒卵圆形，淡褐色，长 3～4 毫米，连翅长

7 ～ 10 毫米。花期 4 ～ 5 月，球果
10 月成熟。

◆ 生长习性

红杉适应性强，耐高寒气候和
瘠薄的土壤环境。在垂直带下限气
候温凉和深厚、肥沃、排水良好的
坡地上生长较快。最喜光，在林冠
下天然更新不良，在云杉、冷杉等
采伐或火烧迹地上天然更新良好。

◆ 培育技术

红杉主要通过种子繁殖。

◆ 用途

红杉

红杉木材耐水湿，可用于建筑、电杆、桥梁、器具、家具及木纤维
工业等。树干可割取松脂，树皮可提栲胶。

茶　树

茶树是山茶科山茶属茶种灌木或小乔木或乔木。

植物分类学家推论，茶树是由第三纪宽叶木兰经中华木兰进化而来，
距今已有数千万年。茶树原产于中国，云南的东南部和南部、广西的西
北部、贵州的西南部是茶树的地理起源中心，云南的中南部和西南部是
茶树的栽培起源地。

◆ 种质资源

茶树种质资源是培育茶树新品种时最初利用的植物材料,包括栽培型的茶树品种、品系、单株、野生茶树及近缘植物。资源类型有野生种、栽培品种、地方品种、选育品种和品系、野生栽培过渡型资源、遗传材料等。中国是野生茶树资源最多的国家,初步统计,在云南、贵州、四川、广西、重庆、江西、湖南、广东等10多个地区发现并登记的野生大茶树约500株,有的树高达26.5米,有的树幅达22米,有的基部干径达1.85米。

◆ 形态特征

茶树为多年生常绿木本植物。按分枝性状的差异,植株形态分为乔木型(主干明显)、小乔木型(主干较明显)和灌木型(主干不明显)三种树型。按分枝角度大小的不同,树冠可分为直立状(分枝角度 α < 35°)、半披张状(35° ≤ α ≤ 45°)和披张状(α > 45°)三种形状。自然生长状态下,乔木型茶树树高一般为4米左右,如云南大叶种、崇庆枇杷茶等,野生茶树树高可达10米以上;小乔木型茶树树高一般为3米左右,如福鼎大白茶、江华苦茶等;

中国贵州省贵阳市花溪区久安乡的
古茶树

灌木型茶树树高一般为 2 米左右，如鸠坑种、铁观音等。在栽培条件下，手采茶园树高一般控制在 80 ～ 100 厘米，机采茶园树高一般控制在 70 ～ 90 厘米。

　　茶树的生长发育有一生的总发育周期和一年的年发育周期。按照茶树的生育特点，有性繁殖茶树的一生可分为幼苗期、幼年期、成年期、衰老期四个生物学年龄期。从茶籽萌发到茶苗第一次生长休止时为幼苗期，一般历时 4 ～ 5 个月；若是无性系茶树的扦插繁殖，相当于插穗的苗圃期。茶树地上部第一次生长休止到第一次开花为幼年期，一般历时 3 ～ 4 年；相当于扦插繁殖中茶苗移栽到茶叶第一次开采投产的时期。茶树第一次开花到树冠第一次更新改造为成年期，一般历时 30 ～ 50 年；相当于扦插繁殖中茶树第一次开采投产到树冠第一次更新改造的时期。树冠第一次更新改造到茶树丧失生产能力为衰老期，一般历时 100 年左右。中国大部分茶区，茶树枝条一年有三次生长和休止，第一次生长的新梢为春茶，第二次生长的新梢为夏茶，第三次生长的新梢为秋茶。茶树 10 月左右开花，翌年 4 ～ 5 月茶果开始生长发育，10 月果实成熟。一年中茶树上既有当年开的花，又有上年结的果，这是茶树的生物学特点之一。

◆ **生长习性**

　　研究表明，茶树是喜酸性土壤的植物，pH 为 4.5 ～ 6.5 的环境最适合茶树生长；沙壤土、壤土、黏壤土都适合茶树生长，茶园土层厚度要达到 80 ～ 100 厘米，田间持水量达到 60% ～ 75%，土壤孔隙度达到 30% ～ 50%，土壤氧气含量达到 10%。茶树是耐阴植物，漫射光多、云雾缭绕的生长环境有利于茶叶品质，"高山出好茶"具有科学道理。茶树对低温敏感，茶树生长的适宜温度为 20～30℃，茶树新梢萌发温度需不低于 10℃。

◆ 价值

叶片

茶树是叶用植物。茶树叶由叶芽（营养芽）发育而成，单叶互生，可分为鳞片、鱼叶和真叶。鳞片一般会脱落；鱼叶因外形像鱼鳞而得名，是新梢生长过程中的头一片或头几片叶；真叶由叶面、叶尖、叶缘组成，其大小、色泽、着生角度可作为鉴别品种的重要依据。叶片形状有圆形、椭圆形、长椭圆形、披针形等。叶面具革质，有光泽、暗晦、粗糙、平滑之分，通常有不同程度的隆起。叶尖分为急尖（较短而尖锐）、渐尖（较长呈逐渐尖）、圆尖（近圆形），其形状是茶树分类的重要特征之一。叶缘多数平展，也有波浪形或向背翻转者。叶缘上的锯齿是茶树叶片的鉴别特征之一。叶脉分为主脉、侧脉和细脉。主脉和侧脉成 45°～80°，侧脉伸展至边缘 2/3 处即向上弯曲呈弧形并与上方侧脉相连，构成网状闭锁叶脉，这也是茶树叶片鉴别特征之一。叶片茸毛又是一个特征，是芽叶嫩度和茶叶品质的标志，多者为上。茸毛多少与品种、季节、枝条部位等有关，如福鼎白毫品种茸毛多而粗，龙井 43 号品种茸毛少；一般春季茸毛多于夏秋季；芽上茸毛多于幼叶，幼叶多于嫩叶，茸毛随叶片成熟而脱落，老叶已无茸毛。叶片大小因品种而异，长度一般为 3～25 厘米，宽度一般为 2～15 厘米。叶片色泽因品种、季节、生态条件等因素而异，多数为绿色，其他有白色、紫色、紫绿色、黄色。

新梢

收获对象是嫩梢。茶芽萌发生长而成的枝条称为新梢，按生长季节分为春梢、夏梢、秋梢；按顶芽活动状态分为正常新梢和异常新梢（驻梢）。从正常新梢上采下的嫩梢，按芽下的叶数值称为一芽一叶、一芽二叶、一芽三叶等；从异常新梢上采下的嫩梢，按芽下的叶数值称为对夹二叶、对夹三叶。

花果

茶树花为两性花，微有芳香，一般为白色，少数粉红色，大的直径50毫米左右，小的直径25毫米左右。茶树花含有儿茶素类、儿茶素衍生物（儿茶素糖苷和儿茶素二聚体）、黄酮苷类、皂素、多糖、维生素、精油、氨基酸、蛋白质、茶花皂素等多种营养成分，可加工成茶花茶，可利用茶树花内含成分生产保健品和日用消费品。茶果为蒴果，外表光滑，形状视其中发育的茶籽数而异，有圆形、椭圆形、三角形、方形、梅花形。果壳未成熟时为绿色，成熟后为棕绿色或绿褐色。茶籽可加工为食用油，提取茶皂素等。

◆ 茶树品种

茶树品种是具有经济价值、遗传性状相对一致的栽培茶树群体。根据不同的分类依据，茶树品种可分为农家品种（地方品种）、群体品种；育成品种、引进品种；有性系品种、无性系品种；绿茶品种、红茶品种、乌龙茶品种等；特早生种、早生种、中生种、晚生种；大叶种、中叶种、小叶种；国家级品种、省级品种。同一个品种可能有多种称呼，如龙井43 号，可称为育成品种、无性系品种、绿茶品种、特早生种、中叶种、国家级品种。

◆ 茶树保护

以最大程度降低有害生物、有害植物和自然灾害对茶树的危害为目标，综合利用科学和经济有效的治理技术，提高茶树生产能力，维护生态环境，确保茶产业可持续发展。危害茶树的有害生物有茶树病害和茶树害虫。世界上有记载的茶树病害 140 多种，其中在中国约有 100 种（主要的有 24 种）。世界上有茶树害虫 1000 多种，其中在中国约有 500 种（主要的有 73 种）。茶园有害植物为杂草，种类数百种，有草本、木本、藤本杂草，也有一年生、二年生、多年生杂草。茶树可能遭受的自然灾害有旱害、湿害、冻害、强风、冰雹等。

对茶树病害的防控主要采取选用抗病品种；加强茶园管理，增施磷肥、钾肥和有机肥，增强树势；适时选用药剂防治等方法。对茶树虫害的防控主要采取选用抗虫品种、物理防治、人工捕杀、生物防治和化学防治等方法，如使用杀虫灯、黏虫板、病毒制剂，茶园养鸡吃虫，引进和保护天敌控虫等。对杂草的控制以耕作除草为主。针对不同的自然灾害，可分别采取种植遮阴树和施绿肥、茶园铺草、灌溉等措施抗旱，新茶园土地平整和深垦、完善茶园排水沟系统是防止湿害的重要措施；茶园塑料大棚、树冠覆盖、洒水、熏烟、茶园安装风扇等措施都有防冻作用。在茶树保护过程中，提倡绿色防控，坚持综合防治，尽可能地采用农业措施、物理方法和生物方法，少用或不用农药，以保证茶叶产品质量安全和茶区生态环境友好。

山鸡椒

山鸡椒是樟科木姜子属多年生落叶乔木或灌木。又称山苍子、木姜子、山苍树、山胡椒。

◆ **分布**

山鸡椒分布于亚洲热带和亚热带及美洲，非洲与欧洲鲜有报道。在中国长江以南各地普遍栽培。

◆ **形态特征**

高达 8 ～ 10 米。幼树树皮黄绿色，光滑；老树树皮灰褐色。叶互生，披针形或长圆形，先端渐尖，基部楔形，纸质，上面深绿色，下

山鸡椒

面粉绿色，两面均无毛；羽状脉。雌雄异株。伞形花序单生或簇生，子房卵形，花柱短，柱头头状。果近球形，直径约 5 毫米，无毛，幼时绿色，成熟时黑色。花期 2 ～ 3 月，果期 7 ～ 8 月。

◆ **生长习性**

山鸡椒为中性偏阳的浅根性树种，自然分布多见于海拔 300 ～ 3200 米的向阳的山地、灌丛、疏林或林中路旁、水边。对土壤和气候的适应性较强，但在土壤 pH 为 5 ～ 6 的地区生长较为旺盛。山鸡椒喜湿润气候，

喜光，适生于土层深厚、排水良好的酸性红壤、黄壤以及山地棕壤，在光照不足、低洼积水处不宜栽植。

◆ **繁殖方法**

山鸡椒播种、扦插繁殖。

◆ **育种方法**

山鸡椒以杂交育种、诱变育种及植物离体培养和分子育种等现代生物技术育种手段。

◆ **栽培管理**

在海拔 240 米以下地带，选择土壤肥沃、深厚、湿润、阳光充足的退耕地、荒山丘陵，以及 25° 以上坡耕地和轮耕地作造林地。

山鸡椒种子繁殖时于 7 ～ 8 月采种晒干备用。其外果皮及中果皮柔软多油，内果皮薄而坚脆，育苗时要除去外、中果皮，搓裂内果皮。每个果实内含种子 1 粒，点播或撒播均可。播种应在 8 月下旬至 9 月底，将沙藏的种子均匀播在沟内，覆土并盖草，出土时及时揭去。苗高 60 ～ 70 厘米时即可出圃定植。栽苗不宜过深，在根颈 3 ～ 4 厘米处覆土踏实，浇足定植水。当进入开花期时，应分辨雌雄植株，一般按 8% ～ 12% 留授粉株。

◆ **采收与加工**

主要利用部位为果实，可采用水蒸气蒸馏法提取精油。于果实成熟期采收，此时含油量最高，宜在球果由绿色变成黑色时采收。采收时要带果柄，不要弄破果皮，否则会加速果实内成分的挥发，最好采摘后当天加工蒸馏。如果不能当天加工，则应摊放在通风阴凉的地板上，厚度不超过 10 厘米并经常翻晾，以防发热腐烂。

◆ 用途

新鲜果实的精油产量为 3.0% ～ 6.0%。精油主要成分为柠檬醛（61.4% ～ 87.65%）、柠檬烯（1.02% ～ 8.6%）、香茅醛（1.2% ～ 4.98%）、芳樟醇（1.8% ～ 2.48%）、松油醇（0.18% ～ 1.11%）等。

山鸡椒多用作香料和中草药，根据中华人民共和国《食品安全国家标准 食品添加剂使用标准》（GB 2760—2014），山鸡椒精油可作为天然食品添加剂使用。精油可用于医药、食品、日化产品及生产柠檬醛。作为一种天然抗氧化剂，其精油具有较高的抗氧化活性，对革兰氏阴性菌（沙门氏菌、大肠杆菌）、黄曲霉、黑曲霉、轮枝镰刀菌、油菜菌核病菌具有显著的抑菌作用，可作为水果和蔬菜的天然防腐剂。还可改善健康受试者的总体情绪障碍，并显著降低唾液皮质醇水平，具有治疗肺癌、平喘、抗过敏、抗血栓、抗心律失常、抑制微生物寄生虫、降解黄曲霉毒素等作用，临床上用于慢性支气管炎、脑血栓、烧伤感染的治疗。此外，精油还具驱虫作用，当浓度为 10 克 / 千克时，对玉米象和棉蚜科的杀灭率达 100%。

络　石

络石是夹竹桃科络石属常绿木质藤本植物。原产于中国黄河流域以南，南北各地均有栽培。

◆ 形态特征

络石长达 10 米，具乳汁。茎赤褐色，圆柱形，有皮孔。小枝被黄色柔毛，老时渐无毛。叶革质或近革质，椭圆形至卵状椭圆形或宽倒卵形，长 2～10 厘米，宽 1～4.5 厘米，顶端锐尖至渐尖或钝，有时微凹或有小凸尖，基部渐狭至钝。叶面无毛，叶背被疏短柔毛，老渐无毛；叶面中脉微凹，侧脉扁平，叶背中脉凸起，侧脉每边 6～12 条，扁平或稍凸起。叶柄短，被短柔毛，老渐无毛；叶柄内和叶腋外腺体钻形，长约 1 毫米。二歧聚伞花序腋生或顶生，花多朵组成圆锥状，与叶等长或较长；花白色，芳香。总花梗长 2～5 厘米，被柔毛，老时渐无毛；苞片及小

络石

苞片狭披针形，长 1～2 毫米；花萼 5 深裂，裂片线状披针形，顶部反卷，长 2～5 毫米，外面被长柔毛及缘毛，内面无毛，基部具 10 枚鳞片状腺体；花蕾顶端钝，花冠筒圆筒形，中部膨大，外面无毛，内面在喉部及雄蕊着生处被短柔毛，长 5～10 毫米，花冠裂片长 5～10 毫米，无毛。雄蕊着生在花冠筒中部，腹部黏生在柱头上，花药箭头状，基部具耳，隐藏在花喉内；花盘环状 5 裂与子房等长。子房由 2 个离生心皮组成，无毛，花柱圆柱状，柱头卵圆形，顶端全缘；每心皮有胚珠多颗，着生于 2 个并生的侧膜胎座上。蓇葖双生，叉开，无毛，线状披针形，向先端渐尖，长 10～20 厘米，宽 3～10 毫米。种子多颗，褐色，线形，长 1.5～2 厘米，直径约 2 毫米，顶端具白色绢质种毛；种毛长 1.5～3

厘米。花期 3 ～ 7 月，果期 7 ～ 12 月。

◆ 繁殖方法

络石采用压条、扦插繁殖，翌年便可开花；播种苗要三四年后才能开花。

◆ 生长习性

络石适应性极强，对土壤要求不严。喜光，稍耐阴、耐旱，耐水淹能力也很强，可耐 -23℃ 低温。抗污染能力强，生长快，叶常革质，表面有蜡质层，对有害气体如二氧化硫、氯化氢、氟化物及汽车尾气等光化学烟雾有较强抗性；对粉尘的吸滞能力强，能使空气得到净化。容易培育，管理粗放。

◆ 用途

络石在园林中多作地被或盆栽观赏，为芳香花卉，花可提取络石浸膏。根、茎、叶、果实供药用，有祛风活络、利关节、止血、止痛消肿、清热解毒的效能，民间用来治疗关节炎、肌肉痹痛、跌打损伤、产后腹痛等；安徽地区有用于治疗血吸虫腹水病。乳汁有毒，对心脏有毒害作用。茎皮纤维拉力强，可用于制作绳索、纸及人造棉。

第5章

香草植物

留兰香

留兰香是唇形科薄荷属多年生草本植物。又称绿薄荷、香花菜、香薄荷。

◆ 分布

留兰香原产于欧洲南部，以及加那利群岛、马德拉群岛等地。主产地在美国爱达荷、印第安纳、密歇根、华盛顿及威斯康星等州。中国的留兰香主产地在江苏、安徽、江西、河南、浙江、上海等地。

◆ 形态特征

留兰香茎直立，高 40～130 厘米，无毛或近于无毛，绿色，钝四棱形，具槽及条纹，不育枝仅贴地生。叶无柄或近于无柄，卵状长圆形或长圆状披针形，长 3～7 厘米，宽 1～2 厘米，先端锐尖，基部宽楔形至近圆形，边缘具尖锐而

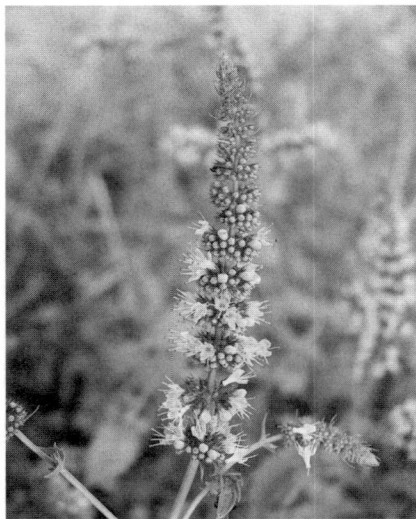

留兰香

不规则的锯齿。轮伞花序生于茎及分枝顶端，花萼钟形，外面无毛，具腺点。每花有小坚果 4 个。

◆ 生长习性

留兰香适于生长在北纬 40°～48° 的地区范围内，喜温暖、湿润和阳光充足的环境，耐热、耐寒能力强。采用扦插法繁殖。育种方法为杂交育种。

◆ 栽培管理

留兰香应选择阳光充足、地势平坦、排灌方便、肥沃的土壤进行种植。结合耕翻，每亩施入优质腐熟有机肥 1500～2000 千克，过磷酸钙 40～50 千克，充分与土混匀，整细耕平，做平畦，一般宽为 2～3 米。

根据各生长阶段的不同要求及环境条件的变化进行。在植株封行之前进行中耕除草 2～3 次。收割前应拔除田间杂草，以防杂草混入，影响精油质量。施肥应是基肥与追肥并重，在整个生育期追肥 1～2 次，农家肥与化肥配合。一般原则是生长前期和生长后期轻施，中期重施。具体是轻施提苗肥，重施分枝肥，巧施保叶肥。雨水多时，应及时排掉田间积水，以免影响植株正常生长；若天气干旱，土壤干燥，应及时进行灌溉。收割前 20 天左右停止灌水，以防收割时植株贪青返嫩，影响产量和质量。

留兰香主要病害为锈病和褐斑病，应加强田间通风透光，减轻田间湿度，发现病株及时清除，以防蔓延。主要虫害为地老虎和蚜虫。

◆ 采收与加工

留兰香一般一年可采收 2 次，第一次在 7 月中旬（小暑至大暑），第二次在 10 月中下旬（寒露至霜降）。当植株普遍现蕾，开花 10% 左右，天气连续晴 5 ~ 7 天，气温较高，地面干燥时进行收割。以上午 9 时至下午 3 时收割为宜。晒干后采用水蒸气蒸馏法提取精油。

◆ **用途**

留兰香嫩枝叶可作调味料食用。全草可入药，为祛风、镇痉剂，治疗感冒发热、头痛、咳嗽等疾病，还可用于治疗胃胀气。从其地上部分蒸馏所得的精油主要用于牙膏、口香糖、香皂等物品的加香，也可用作杀虫剂、兴奋剂、利尿剂、杀菌剂。

椒样薄荷

椒样薄荷是唇形科薄荷属多年生宿根性草本植物。又称辣薄荷、胡椒薄荷。由绿薄荷与水薄荷杂交而成。

◆ **分布**

椒样薄荷起源于欧洲。自然分布于地中海、欧洲南部、北美洲、亚洲。在欧洲国家、中国、日本、美国均有种植。

◆ **形态特征**

椒样薄荷高 30 ~ 100 厘米。地上茎有匍匐茎和直立茎两种，匍匐茎走茎发达，肉质，节上生根。茎四棱、光滑。叶片长 4 ~ 9 厘米，宽 1.5 ~ 4 厘米，颜色深绿具红色叶脉，叶片先端锐尖、叶片边缘具锯齿；叶片与茎通常具轻微绒毛。轮伞花序在茎顶端集合成圆柱形先端锐尖的穗状花序，花序长 6 ~ 8 厘米；花冠唇形，淡紫色，直径 5 毫米。花期 7 ~ 8 月。

◆ **生长与繁殖**

椒样薄荷性喜温暖、湿润的环境，在生长期一般能耐 40℃ 的高温，成年植株的地上部分遇重霜后渐渐枯萎，地下部分能耐 -20℃ 左右的低温，幼苗期遇 -6℃ 的低温，只是叶面呈暗红色，并不受严重损害。

椒样薄荷

椒样薄荷的**繁殖方法**主要有茎秆繁殖法、地下根茎繁殖法、移苗繁殖法、葡氧茎繁殖法、地上枝条繁殖法、种子繁殖法等。茎秆繁殖法和移苗繁殖法通常作为薄荷品种复壮、提纯的有效措施，而大田栽培一般采用地下根茎繁殖法。

常用的育种方法为杂交育种、诱变育种及转基因育种。

◆ **栽培管理**

选择地势平坦，排灌方便，通风向阳，土层深厚，土质疏松富含有机质的壤土和沙壤土栽培场所为宜。犁地深度达 25 厘米以上，整地要求达到"齐、平、松、碎、墒、净"六字标准。

根据各生长阶段的不同要求及环境条件的变化进行。显行后立即进行中耕除草。根外追肥以尿素为主，一般遵守苗期轻施、中期重施、后期少施的原则。薄荷苗高 10～15 厘米时根据苗情，每亩施尿素 10 千克，苗高 40 厘米左右，重施分枝肥，每亩施尿素 10～15 千克，分两次施入，现蕾期进行叶面施肥，每亩用磷酸二氢钾 200 克 2 ～ 3 次叶面喷施。荷幼苗期根系尚未形成，需水量不大，但要及时小水畦灌，灌好促苗水，一般隔 15 ～ 20 天左右灌一水，全生育期灌 5 ～ 6 水。最后一水截止在初花期停水。

常见病害为根腐病、病毒病等，常见虫害为红蜘蛛、跳甲、薄荷黑小卷蛾等。通过倒茬轮作、加强田间管理、改善通风透光条件等措施预防病虫害。

◆ 采收与加工

地上全株与叶片。盛花期采收，以主茎花穗有 60% 以上开花即可收割，割后晾 12 ～ 24 小时，及时加工蒸馏。新鲜植物茎叶中含 0.8% ～ 1% 精油，干植物茎叶中含 1.3% ～ 2% 精油。

◆ 用途

椒样薄荷精油主要成分为薄荷醇、薄荷酮，此外还包括 (+/-)- 乙酸薄荷酯，1,8- 桉叶油素，柠檬烯、β- 蒎烯和 β- 石竹烯等。椒样薄荷精油被广泛地应用于医药、食品、化妆品、香料、烟草等行业。精油经加工后可得到薄荷脑和素油。由于椒样薄荷精油抗菌、杀真菌活性较高以及清凉的味道，常用于日化产品添加剂，例如香皂、香波、面霜、牙膏等。椒样薄荷精油味辛、性凉，用于治疗风热感冒、头痛、目赤、咽喉肿痛、口舌生疮、牙痛、荨麻疹等。薄荷醇具有显著的镇痛活性，可以激活 TRPM8 通道，即使温度不变化，也会产生的凉爽感觉。薄荷酮能够抑制炎症反应，具有潜在的抗抑郁作用。椒样薄荷精油也可作为天然杀虫剂、杀菌剂、杀线虫剂等。

百里香

百里香是被子植物真双子叶植物唇形目唇形科百里香属的一种。又称地椒。名始见《中国植物志》。因香气浓郁而得名。

◆ 分布

百里香分布于中国西北至华北，生于海拔 1100～3600 米的石山、山坡、草地和山谷。

◆ 形态特征

百里香为半灌木，多茎，高 2～10 厘米，基部及花序下部疏生柔毛。

百里香

叶对生。下部茎生叶的叶柄可达叶片长度一半，上部茎生叶具短柄。叶片卵形，长可达 1 厘米，无毛，被腺点。叶基楔形。头状花序。基部小苞片早落。花萼筒管钟状或狭钟状，二唇形，基部被长柔毛，上部近无毛。花冠紫红色，紫色或粉红色，疏被柔毛；上唇直伸，先端微凹；下唇开展，3 裂。雄蕊 4 枚，2 强，花药 2 室。雌蕊柱头 2 裂。小坚果卵球形至近圆形。花期 7～8 月，果期 9～10 月。

◆ 用途

全草入药，有健脾、祛风止痛的功效。

五味子

五味子是木兰科五味子属多年生落叶木质藤本植物。又称北五味子、山花椒、辽五味等。其干燥成熟果实即为中药材五味子。

◆ 分布

五味子主产于东北，内蒙古等地。

◆ 形态特征

五味子为落叶木质藤本。幼枝红褐色，老枝灰褐色，常起皱纹，片状剥落。叶膜质，宽椭圆形，卵形、倒卵形，宽倒卵形，或近圆形。雄花：花梗长 5 ～ 25 毫米，中部以下具狭卵形、长 4 ～ 8 毫米的苞片，花被片粉白色或粉红色，6 ～ 9 片，长圆形或椭圆状长圆形；雄蕊长约 2 毫米，花药长约 1.5 毫米，无花丝或外 3 枚雄蕊具极短花丝，药隔凹入或稍凸出钝尖头；雄蕊仅 5（6）枚，互相靠贴，直立排列于长约 0.5 毫米的柱状花托顶端，形成近倒卵圆形的雄蕊群。雌花：花梗长 17 ～ 38 毫米，花被片和雄花相似；雌蕊群近卵圆形，长 2 ～ 4 毫米，心皮 17 ～ 40，子房卵圆形或卵状椭圆体形，柱头鸡冠状，下端下延成 1 ～ 3 毫米的附属体。聚合果长 1.5 ～ 8.5 厘米，聚合果柄长 1.5 ～ 6.5 厘米；小浆果红色，近球形或倒卵圆形，径 6 ～ 8 毫米，果皮具不明显腺点。种子 1 ～ 2 粒，肾形，淡褐色，种皮光滑，种脐明显凹入成 U 形。花期 5 ～ 7 月。

果期 7 ～ 10 月。

◆ **生长习性**

五味子生于海拔 1200 ～ 1700 米山区杂木林中、林缘或山沟的灌木丛中，缠绕在其他林木上生长。喜微酸性土壤，耐旱性较差。自然条件下，在肥沃、排水好、湿度均衡的土壤中发育最好。

◆ **繁殖方法**

五味子的繁殖方法有种子繁殖、扦插繁殖、压条繁殖、分根繁殖等。种子繁殖在 8 ～ 9 月，当五味子果实呈鲜红色至紫红色时，及时采集。采下的果实，浸泡 24 小时以上，去除果皮、果肉及空粒种子，再浸种 3 天，按 1 ：3 比例与河沙混匀，埋藏在凉爽的地方。在翌年 4 月，当种子露白后即可播种。采用苗床播种，床高 20 厘米，床宽 1.1 ～ 1.2 米，结合苗床施足底肥。播前灌足底水，在播种前 7 天用硫酸亚铁消毒。采用条播方式播种，条距 15 厘米，播种沟深 3 厘米，播种量 5 千克 / 亩（1 亩 ≈ 666.67 平方米），每行播种 140 粒左右，播后覆土 2 ～ 2.5 厘米，浇透水，并用稻草保湿，播后 20 ～ 30 天即可陆续出苗，当有 1/3 幼苗出土后，搭架、遮阴、通风，并适时浇水、松土、间苗。苗高 15 ～ 20 厘米可出圃定植。硬枝扦插于早春未萌动前，剪取坚实、

五味子

五味子茎叶　　　　　　　　　　　　五味子花

健壮的枝条，剪成 10～15 厘米长做插穗，用生根粉浸泡 24 小时后，按行距 13 厘米，株距 8～10 厘米，在塑料棚或温室内扦插，插后要遮阴，温度控制在 20～25℃。

◆ **栽培管理**

保持土壤疏松无杂草，入冬前在植株基部培土，做好树盘。春、夏、冬 3 季均可修剪枝条。春剪在枝条萌芽 5 天前进行，剪掉过密果枝和枯枝。夏剪在 5 月上中旬～8 月上中旬进行，剪掉基生枝、膛枝、重叠枝、病虫枝等。冬剪在 11 月上旬～翌年 3 月下旬进行，剪掉枯枝、弱枝、病枝、根部萌发的地上茎，疏除过密的果枝。

常见病害有根腐病、叶枯病、果腐病、白粉病和黑斑病等，主要害虫为桑树桑螟（又称卷叶虫）等。应采用预防为主、综合防治的方法。选地势高、干燥排水良好的土地种植，合理密植，使植株间能够通风透光；发现病株及时拔除，集中销毁。

◆ **采收与加工**

五味子栽后 4～5 年达盛果期，秋季果实呈深红色时采收。采后需晾晒或阴干。在晾晒时要搭架子，上面铺上苇席将新采的鲜果散开约 3

厘米厚，经 4 ~ 5 天皮皱略干，再行翻晾，10 ~ 20 天达干燥，干品手捏成团，松手即散，鲜红而有光泽。

◆ **用途**

五味子药材味酸、甘，性温。归肺、心、肾经。收敛固涩，益气生津，补肾宁心。用于久咳虚喘，梦遗滑精，遗尿尿频，久泻不止，自汗盗汗，津伤口渴，内热消渴，心悸失眠。

茵陈蒿

茵陈蒿是菊科蒿属多年生草本植物。以干燥地上部分入药，药材名茵陈，又称因陈、白蒿、臭蒿等。

◆ **分布**

茵陈蒿在中国大部分地区均有野生资源分布，东北亚、东南亚地区也有分布。中国主要栽培产区为甘肃、陕西、辽宁和宁夏等地。

◆ **形态特征**

茵陈蒿植株有浓烈香气。茎单生或少分支，直立。幼苗密生白色柔毛。叶对生，一至三回羽状复叶全裂，裂片线形。头状花序球形，常排成复总状花序，并在茎上端组成大型、开展的圆锥花序。总苞片 3 ~ 4 层。雌花 6 ~ 10 朵。两性花 3 ~ 7 朵，不孕。花柱细长，先端二叉，叉端尖锐。花冠管状，花药线形。果实为瘦果，卵形。花期 9 ~ 11 月。果期 11 月。

◆ **生长习性**

茵陈蒿一般对土壤要求不严，适应性较强。选择向阳缓坡地、荒地或者稍黏的土壤均可。尤以阳光充足、土质疏松肥沃、排水良好的沙壤土较为适宜。野生多见于低海拔地区河岸、湿润沙地、路旁及低山坡地区。

◆ **繁殖方法**

茵陈蒿多采用种子繁殖，亦可分根繁殖、育苗移栽。

茵陈蒿播种时间在 3 月中下旬。多采用条播方式播种，每亩用种量 50～100 克，用细土或细沙拌种，按行距 25 厘米开浅沟，沟深 2～3 厘米，将种子均匀撒入沟内，覆盖薄土，稍镇压。也可撒播，将种子均匀撒在畦面上，覆盖薄土，稍镇压。播种后及时浇水，保持土壤湿润。出苗时间 10～12 天。

茵陈蒿分根繁殖的时间通常在 3 月中下旬～4 月上旬，待越冬种株发出新苗，一般选择阴天，将健壮无病的植株全棵挖出，轻轻震落泥土，选择健壮须根多的种苗，去除过长老根，边挖边栽。按照行株距为 15 厘米×15 厘米，穴深 6～10 厘米，每穴栽 2～3 株，栽后覆土，压实，透水。

茵陈蒿育苗移栽的时间通常在 2 月下旬～3 月中上旬，宜作畦育苗，畦宽 1.8～2 米，高 20 厘米，沟宽 30 厘米左右。畦面整平耙细，播种前，先将畦面浇水，将种子均匀散入畦面，覆盖薄土，稍镇压，保持土壤湿度，出苗时间 10～12 天。移栽时间约为播种后 30 天，一般茵陈蒿苗高 10～15 厘米，具有 3～4 片叶，选择阴天或傍晚，先将畦面浇水，拔苗移栽，少伤根，最宜带土移栽。按照株行距 20 厘米×25 厘米，穴深 6 ～ 10 厘米，每穴移栽 2 ～ 3 株种苗。栽后覆土，压实，穴内浇透水，以利返青。

◆ 栽培管理

茵陈蒿宜选阳光充足、湿润肥沃、排灌良好的沙壤土地种植。播种前，施基肥，每亩施农家肥 1500 ～ 2000 千克，磷肥 80 ～ 100 千克，翻地 20 厘米左右，除去杂草。整细耙平，作畦宽 1.8 ～ 2 米、高 20 厘米，沟宽 30 厘米，以利排水。

茵陈蒿

茵陈蒿及时间苗、补苗，保证全苗。一般苗期除草 1 ～ 2 次，以人工拔草为主。适时追肥 1 ～ 2 次，春季以氮肥为主，秋季开花前也可追施磷肥、钾肥。遇干旱或多雨季需及时浇水、排水。

霜霉病为茵陈蒿常见病害。主要为害叶片，叶片正面出现界限不清斑块，在叶片背面产生白色或淡褐色霜霉，病叶有时向上皱缩卷曲，严重时叶片变黄褐色枯死。防治方法：①合理轮作。②雨季及时排水，降低田间湿度，及时发现并拔除病株。③发病初期，杀菌剂防治。

◆ 采收与加工

春季幼苗高 6 ～ 10 厘米时采收，或秋季花蕾长成至花初开时采割，除去杂质和老茎，晒干，即为茵陈药材。春季采收的习称"绵茵陈"，秋季采割的习称"花茵陈"。一般茵陈1次种植可收获3年。

◆ **用途**

茵陈药材味苦、辛，性微寒。归脾、胃、肝、胆经。具有清利湿热、利胆退黄的功效。主治黄疸尿少，湿温暑湿，湿疮瘙痒。含有黄酮类、萜类、香豆素类、有机酸类（绿原酸、咖啡酸等）及挥发油类等活性成分。现代药理研究表明，茵陈还具有利胆保肝、抗炎镇痛、抗菌、抗肿瘤等作用。

黄花蒿

黄花蒿是被子植物真双子叶植物菊目菊科蒿属一年生草本植物。又称草蒿、青蒿、臭蒿、黄蒿。

◆ **分布**

黄花蒿主要分布于欧洲、亚洲的温带、寒温带及亚热带地区；从亚洲北部迁入北美洲，并广泛分布于加拿大、美国。遍及中国全境，生长在路旁、荒地、山坡、林缘，甚至在盐渍化的土壤上也能生长，在一

黄花蒿

些地区已成为植物群落的优势种或主要伴生种。

◆ **形态特征**

植株有浓烈的挥发性香气。茎单生，高可达 2 米，多分枝。茎下部的叶宽卵形或三角状卵形，两面具细小脱落性的白色腺点及细小凹点，3 ～ 4 回栉齿状羽状深裂，裂片长椭圆状卵形，裂片中肋在上面稍隆起；叶柄长 1 ～ 2 厘米，基部有半抱茎的假托叶；中部叶 2 ～ 3 回栉齿状羽状深裂，小裂片栉齿状三角形；上部叶与苞片叶 1 ～ 2 回栉齿状羽状深裂，近无柄。头状花序球形，多数，有短梗，下垂或倾斜，在分枝上再排成总状或复总状，整个植株形成圆锥花序；每个头状花序的总苞片 3 ～ 4 层，外层总苞片长卵形或狭长椭圆形，中肋绿色，边缘膜质，中层、内层总苞片宽卵形或卵形；花序托凸起，半球形；花黄色，边缘花为雌性，10 ～ 18 朵，花冠狭管状、两侧对称，檐部具 2 ～ 3 裂齿，花柱线形，伸出花冠外；盘花 10 ～ 30 朵，两性、管状、辐射对称，结实或中央少数不结实，花柱与花冠近等长，先端 2 叉，叉端截形，有短睫毛。果为瘦果，椭圆状卵形，略扁。花果期 8 ～ 11 月。

◆ **用途**

古本草书记述的"草蒿"（《神农本草经》）、"青蒿"与"黄花蒿"（《本草纲目》）无异，中药习称"青蒿"，入药可清热、解暑、截疟、凉血、利尿、健胃、止盗汗，此外，还可作外用药。含挥发油、青蒿素、青蒿内酯Ⅰ、青蒿内酯Ⅱ、α-蒎烯、樟脑、桉叶油素、青蒿酮等，此外还含黄酮类化合物；地上部分还含东莨菪内酯类化合物。青蒿素为倍半萜内酯化合物，为抗疟的主要有效成分，可治各种类型的疟疾，具有速效、低毒的优点，对恶性疟及脑疟尤佳。中国科学家屠呦呦因从青蒿中分离出了治疗疟疾的青蒿素，荣获 2015 年诺贝尔生理学或医学奖。

库拉索芦荟

库拉索芦荟是百合科芦荟属多年生草本植物。以其叶液浓缩干燥物药用，药材名芦荟，习称"老芦荟"。又称巴巴芦荟、巴巴多斯芦荟、奴会、油葱。

◆ **分布**

库拉索芦荟原产非洲，在中美洲库拉索和巴巴多斯有广泛分布。世界各地和温室常见栽培。

◆ **形态特征**

库拉索芦荟茎较短。叶近簇生或稍二列（幼株），肥厚多汁，条状披针形，粉绿色，边缘生刺状小齿。花葶不分枝或有时稍分枝；总状花序具几十朵花；雄蕊与花被近等长或略长，花柱明显伸出花被外。

◆ **生长习性**

库拉索芦荟喜光，忌暴晒，以散射光为宜；耐阴，忌过于荫

库拉索芦荟

蔽。喜温暖、耐高温、不耐寒，0℃时寒害，-1℃时冻害。喜湿润，忌积水；耐旱，忌过旱。二年生以上可开花，一般不结实。对土壤要求不严，但忌在重黏性土上栽培。

◆ **繁殖方法**

库拉索芦荟可采用分蘖苗进行分株繁殖。取出幼苗，伤口愈合后栽植，浇水，适当遮阴。

◆ **栽培管理**

库拉索芦荟栽培管理技术要点有：①选地与整地。以疏松肥沃、排水良好的砂质壤土为宜。施足基肥，耕深35厘米，整地起畦，高20～30厘米，宽1～2米，留排水沟。②田间管理。搭荫棚，荫蔽度50%～60%，防阳光直照。勤除杂草、松土和培土。2个月追肥1次，以复合肥为主。适当浇水，忌积水。③病虫害防治。病虫害很少。主要病害为褐斑。

◆ **采收与加工**

库拉索芦荟采收下部叶片。割破叶基部一侧，顺切口旋拉取下叶片。主要加工成芦荟粉和芦荟凝胶。①芦荟粉。粉碎叶片、过滤、浓缩、灭菌、冷冻干燥、粉碎即可。②芦荟凝胶。去皮、漂烫、杀菌，得无色透明至乳白色凝胶。

◆ **用途**

药材芦荟味苦，性寒。归肝、胃、大肠经。具泻下通便、清肝泻火、杀虫疗疳功效。用于治疗热结便秘、惊痫抽搐、小儿疳积，外治癣疮等。

含芦荟苷等蒽醌类化合物,用于伤口愈合、杀菌抗炎、抗肿瘤、美容等。日用化工品、食品饮料等均有利用。

《中华人民共和国药典》(2015年版)同时收载同属植物好望角芦荟或及其近缘植物作为芦荟的基原植物,其药材习称"新芦荟"。

石 斛

石斛是兰科石斛属植物的习称。

◆ 分布

石斛属是兰科第一大属,全世界约有2000种,主要分布于亚洲热带、亚热带和大洋洲。中国原产有80余种,在中国主要分布于秦岭、淮河以南。石斛兰花姿优美,艳丽多彩,种类繁多,花期长,许多种类的花气味芬芳,很受各国人民的喜爱。

◆ 用途

石斛在国际花卉市场上占有重要的地位,尤其是近代经杂交育种培

石斛

石斛花

育出来的切花和盆栽用优良品种，其观赏价值更高。石斛切花在兰花市场占有较大比例，并呈现上升趋势。石斛兰与卡特兰、蝴蝶兰、万代兰并列为观赏价值最高的四大观赏兰类。商品观赏石斛兰一般分为春石斛兰和秋石斛兰。作为药用的石斛（主要是铁皮石斛）是中国古文献中最早记载的兰科植物之一，中草药中的鲜石斛指该种植物的假鳞茎，作为滋阴养胃、清热生津的药物被广泛使用。

迷迭香

迷迭香是被子植物真双子叶植物唇形目唇形科迷迭香属的多年生常绿小灌木。名出《本草拾遗》。

◆ **分布**

迷迭香原产于欧洲地中海地区，中国引种栽培。

◆ **形态特征**

迷迭香高可达 2 米，全株有香气。树皮深灰色，不规则开裂或脱落。

迷迭香

幼枝密被白色星状绒毛。叶簇生，无柄或具不明显短柄。叶片条形，革质，长 1 至 3 厘米，宽约 2 毫米。上表皮常具光泽，近无毛，下表皮密被白色星状绒毛。叶全缘，先端钝，叶缘反卷。花簇生叶腋，常在短枝上组成密集的顶生总状花序。萼筒二唇形，钟状，外壁密被白色星状绒毛及腺毛。花冠蓝紫色，短小，长度不及 1 厘米，二唇形，上唇裂片 2 枚，下唇裂片 3 枚。雄蕊 2 枚，花药 2 室，仅 1 室能育。雌蕊柱头不等二裂。小坚果 4 枚，卵球形，表皮光滑。

◆ 用途

迷迭香用途广泛，是著名的香料植物，同时又是重要的药用及观赏植物。中药学认为其具有健胃、发汗、安神等功效。

缬　草

缬草是被子植物真双子叶植物川续断目忍冬科缬草属的多年生草本植物。中国东北地区称其为媳妇菜。名出《科学的民间药草》。

◆ 分布

缬草主要分布于中国东北至西南，遍及全国。生长于海拔 2500 米以下山地草坡上、林下、沟边，在西藏、青海及四川可分布至海拔 4000 米的地区。欧洲及亚洲西部也有分布。

◆ 形态特征

缬草高达 1.5 米。根状茎粗短，根棒状簇生，茎中空，有纵棱，多毛，节部毛更多。茎下部

缬草植株

叶花时常枯萎，茎中上部叶对生，近无柄，卵形至宽卵形，羽状深裂，裂片 7 ～ 11，披针形或条形，全缘或有疏齿，无毛或有硬毛。聚伞圆锥花序成伞房状，顶生。苞片叶状或细线形，小苞片长椭圆形或披针形，先端具芒。花冠淡紫色、粉红色或白色，长 4 ～ 5 毫米，裂片椭圆形。雄蕊 3，生花冠筒上；子房下位，3 室，仅 1 室发育，有 1 胚珠。果为瘦果，扁平，前面 3 脉，后面 1 脉，顶端有冠毛状宿存花萼。花期 5 ～ 7 月，果期 6 ～ 10 月。

◆ 用途

缬草含香草醛及落叶松脂醇等化学物质，干燥的根和茎入药，可祛风、镇痉，治疗跌打、损伤及心悸失眠。也可作为观赏植物进行栽培。

芫 荽

芫荽是伞形科芫荽属一年生或二年生草本植物。又称胡荽、香菜、香荽。以嫩叶作调料蔬菜食用。

◆ 分布

芫荽原产于地中海沿岸及中亚地区。中国西汉通西域使者张骞出使西域时引入中国，8 ～ 12 世纪传入日本。中国南北地区都有栽培。

◆ 形态特征

芫荽植株高 20 ～ 100 厘米。根纺锤形，细长，白色，主根较粗大，侧根发生不规则。根生叶长 5 ～ 40 厘米，叶片一回或三回羽状全裂，羽片广卵形或扇形半裂，长 1 ～ 2 厘米，宽 1 ～ 1.5 厘米，边缘有钝锯齿、缺刻或深裂；上部的茎生叶三回至多回羽状分裂，末回裂片狭线形，长

5 ～ 10 毫米，宽 0.5 ～ 1 毫米，顶端钝，全缘。伞形花序顶生或与叶对生，花序梗长 2 ～ 8 厘米；伞辐 3 ～ 7，长 1 ～ 2.5 厘米；小总苞片 2 ～ 5，线形，全缘；小伞形花序有孕花 3 ～ 9，花白色或带淡紫色。果实圆球形，背面主棱及相邻的次棱明显；胚乳腹面内凹；油管不明显，或有 1 个位于次棱的下方。

◆ **栽培管理**

芫荽性喜冷凉，能耐 -1 ～ 2℃ 的低温，也耐热。生长适宜的温度范围为 17 ～ 20℃，超过 20℃ 生长缓慢，30℃ 则停止生长。芫荽对土壤要求不严，但土壤结构好、保肥保水性强、有机质含量高的土壤有利于芫荽生长。长日照能促进发育。在短日照条件下，须经月平均气温 13 ～ 14℃ 以下的较低温度才能抽薹开花，

芫荽

故在日照较短、天气凉爽的秋季（南方的秋末冬初）栽培时，茎、叶的产量高、品质好。中国多数地区以秋播为主，一般是作畦种植。苗高 3 ～ 4 厘米时除草疏苗，保持苗距 5 ～ 8 厘米。出苗后 50 ～ 60 天收获。主要病害有菌核病、叶枯病、斑枯病、根腐病和白粉病。

◆ **用途**

芫荽具特殊香味，是中国菜肴的调味品。营养丰富，含维生素

C、胡萝卜素、维生素、维生素等，其中胡萝卜素含量在蔬菜中名列
前茅；含有丰富的矿物质，如钙、铁、磷、镁等；其挥发油含有甘露
糖醇、壬醛和芳樟醇等，可开胃醒脾；此外还含有苹果酸钾等。中医
学上以果实入药，有祛风、透疹、健胃及祛痰等功效。种子含油量达
20%～30%，可提炼芳香油。

马鞭草

马鞭草是被子植物真双子叶植物唇形目马鞭草科马鞭草属的一
年生或多年生草本植物。名出《名医别录》。又称风颈草，出自《本
草纲目》。

马鞭草

◆ 分布

马鞭草广泛分布于世界温带及热
带地区，中国大部分地区均有分布，
可生于路边荒地、草坡。

◆ 形态特征

马鞭草茎直立，高可达 1.4 米，
被短柔毛或近无毛。叶柄长可达 4 厘
米，由叶基下延呈翅状；叶片卵圆形，
倒卵形或长圆形，长可达 8 厘米，纸
质；叶缘具粗齿或羽裂。穗状花序顶
生和腋生，细长，长度可达 25 厘米。

苞片与萼筒近等长。花萼筒长不及 4 毫米，被短柔毛和腺体。花冠短小，长不及 8 毫米，蓝色至粉红色，被短柔毛；雄蕊 4 枚，花丝非常短，着生于花冠筒中部；子房无毛。蒴果长圆形，熟时 4 裂。花果期 7 ～ 10 月。

◆ **用途**

全草入药，有清热解毒、消肿、止痒之功效。

本书编著者名单

编著者 （按姓氏笔画排列）

于晓南　万雪琴　马祥庆　马履一　王　雁

王　强　王乃江　王亚玲　王军辉　王建华

王德槟　石　雷　巩振辉　吕　彤　吕英民

朱再标　刘宁宁　刘兴良　祁建军　孙　宇

孙美玉　李　慧　李靖锐　杨亲二　肖建忠

吴友根　汪　涛　张文颖　张永洪　张守攻

张启翔　张昌伟　陈　昕　陈龙清　陈发棣

陈宇航　陈杰忠　陈德昭　欧阳芳群

罗　乐　周常勇　赵宏波　赵凯歌　侯喜林

饶广远　贾瑞冬　夏念和　顾红雅　徐小牛

郭文武　郭巧生　郭信强　唐　亚　梁国彪

梁艳丽　彭方仁　葛　红　董燕梅　傅承新

蔡邦平　魏建和　魏晓新